FRACCIONES DIVERTIDAS

FRACCIONES
DIVERTIDAS

FRACCIONES DIVERTIDAS

Elena de Oteyza, Emma Lam y Laura Pastrana

EDITORIAL
TERRACOTA ET

Coordinación editorial: Tania Pérez-Rivera

Edición: Pilar Tapia

Coordinación de diseño y producción: Jeanette Vázquez Gabriel

Diagramación: Patricia Mendoza Chapulin

Ilustraciones de interiores y portada: Jorge Mendoza López, Jesús Enríque Gil de Maria

Primera edición: junio de 2014

ISBN 978-607-713-079-6

© 2014 Elena de Oteyza, Emma Lam, Laura Pastrana
DR © 2014 Editorial Terracota

EDITORIAL
TERRACOTA ET

Editorial Terracota, SA de CV
Cerrada de Félix Cuevas 14
Colonia Tlacoquemécatl del Valle
03200 México, D.F.
Tel. +52 (55) 5335 0090

info@editorialterracota.com.mx
www.editorialterracota.com.mx

Impreso en México / Printed in Mexico

2018   2017   2016   2015   2014
10   9   8   7   6   5   4   3   2   1

Contenido

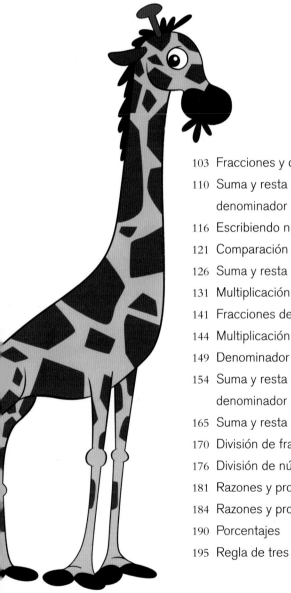

Presentación

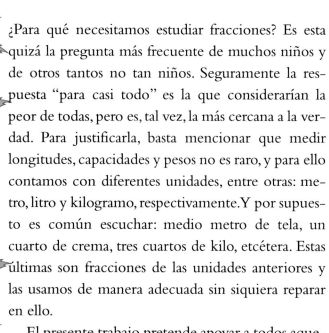

¿Para qué necesitamos estudiar fracciones? Es esta quizá la pregunta más frecuente de muchos niños y de otros tantos no tan niños. Seguramente la respuesta "para casi todo" es la que considerarían la peor de todas, pero es, tal vez, la más cercana a la verdad. Para justificarla, basta mencionar que medir longitudes, capacidades y pesos no es raro, y para ello contamos con diferentes unidades, entre otras: metro, litro y kilogramo, respectivamente. Y por supuesto es común escuchar: medio metro de tela, un cuarto de crema, tres cuartos de kilo, etcétera. Estas últimas son fracciones de las unidades anteriores y las usamos de manera adecuada sin siquiera reparar en ello.

El presente trabajo pretende apoyar a todos aquellos que quieren ayudar a alguien a conocer las fracciones o profundizar en su estudio, entre los que se hallan, por supuesto, los profesores. Se busca en él encontrar todas las maneras posibles de enseñar el tema, entre las que destacan las fracciones vistas como partes de un conjunto o bien como partes de

la unidad, sin menospreciar nada que nos pueda ayudar a la comprensión de los alumnos; así, usaremos también 10 bandas de colores, todas del mismo tamaño, en las que encontramos divisiones en medios, tercios, cuartos, etcétera, con las cuales es posible comparar fracciones, encontrar fracciones equivalentes y hacer operaciones, entre otras cosas.

Abarcar todos los conceptos que tienen que ver con fracciones fue el objetivo durante todo el tiempo que tardó la elaboración de la obra, buscando que pudiera ser útil para cualquier grado, tanto de la educación primaria como de la educación media básica. Entre los conceptos abordados está la localización de fracciones en la recta numérica. Por la importancia que tienen, los números mixtos aparecen a lo largo de todo el trabajo.

Cabe mencionar que las primeras actividades consisten en contar e identificar animales y otros objetos, lo cual permite iniciar la enseñanza de las fracciones con niños muy pequeños, brindándoles la posibilidad de dar el paso a la mecanización de manera natural.

No tenemos preferencia por usar una u otra manera de abordar el tema, preferimos que el lector elija la más conveniente de acuerdo con sus necesidades.

Buscamos encontrar alternativas, pues creemos que cada niño es diferente de los demás y debemos tratar de saber cómo piensa, qué disfruta y qué necesita.

Intentamos presentar actividades que el maestro pueda utilizar en su grupo y, por supuesto, que pueda modificar fácilmente para elaborar muchas otras,

de manera que pueda contar con recursos para reforzar el aprendizaje; el docente puede utilizar material concreto y todos los recursos y habilidades, como recortar, iluminar, contar y clasificar que poseen los niños y que los adultos debiéramos cuidar para que no las pierdan, como habitualmente ocurre.

Las lecciones están estructuradas de manera que, siempre que es posible, se introduce el nuevo concepto mediante un problema. A continuación se presentan ejemplos y una serie de ejercicios, problemas y actividades; en los problemas el niño encontrará información que puede resultarle interesante, como datos sobre animales, récords e información general, que el maestro puede utilizar para otras asignaturas.

Por resultar natural, abordamos la multiplicación antes de presentar la suma con distinto denominador, sin embargo, será el profesor, de acuerdo con las necesidades de los alumnos, quien decidirá el orden a seguir.

El juego, actividad que los niños disfrutan sobre todas las cosas, está presente a todo lo largo de la obra, que incluye alrededor de 60 actividades de todo tipo, de las cuales pueden imprimirse tantas copias como haga falta, pues las páginas se encuentran en el disco compacto que acompaña al libro. Igualmente, en el disco se encuentran los archivos de un número considerable de juegos con tarjetas y tableros, que pueden ser elaborados imprimiendo las páginas correspondientes y recortando las tarjetas. Las soluciones de todos los ejercicios también se encuentran en el disco.

Contando elementos de un conjunto

Observa la siguiente figura:

Recorta todas las manzanas.

❖ ¿Cuántas manzanas hay en total?

Separa las manzanas por color y completa las siguientes afirmaciones:

❖ Hay ____ manzanas amarillas de un total de ____ manzanas.

❖ Hay ____ manzanas rojas de un total de ____ manzanas.

❖ Hay ____ manzanas verdes de un total de ____ manzanas.

Solución:

❖ ¿Cuántas manzanas hay en total?

En total hay 9 manzanas.

Separa las manzanas por color y completa las siguientes afirmaciones:

❖ Hay _2_ manzanas amarillas de un total de 9 manzanas.

❖ Hay _4_ manzanas rojas de un total de 9 manzanas.

❖ Hay _3_ manzanas verdes de un total de 9 manzanas.

En este tipo de actividades el niño cuenta y clasifica los elementos de un conjunto. En ellas siempre debemos de establecer una afirmación del tipo:

Hay ___ elementos, que comparten una propiedad, de un total de ___ elementos.

Estas actividades son adecuadas para los primeros dos años de la educación básica, en los que debemos aprovechar las habilidades que el niño posee. Recortar, iluminar, contar y clasificar nos ayudará a que de manera natural comprenda que una fracción representa parte de un conjunto; inicialmente, sin llegar a la representación simbólica.

Este tipo de actividades se puede realizar con material concreto. Los niños pueden llevar juguetes para estas actividades.

Ejemplos

1. Observa la figura siguiente:

❖ ¿Cuántos animales hay en total?

Completa las siguientes afirmaciones:

❖ Hay ___ escarabajos de un total de ___ animales.

❖ Hay ___ arañas de un total de ___ animales.

Solución:

❖ ¿Cuántos animales hay en total?

En total hay 8 animales.

Completa las siguientes afirmaciones:

❖ Hay __5__ escarabajos de un total de __8__ animales.
❖ Hay __3__ arañas de un total de __8__ animales.

2. Observa la figura siguiente:

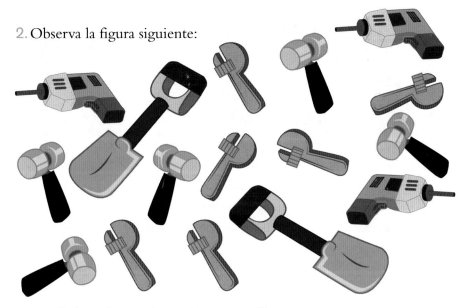

❖ ¿Cuántas herramientas hay en total?
Completa las siguientes afirmaciones:
❖ Hay ____ taladros de un total de ____ herramientas.
❖ Hay ____ martillos de un total de ____ herramientas.
❖ Hay ____ palas de un total de ____ herramientas.
❖ Hay ____ llaves de tuercas de un total de ____ herramientas.

Solución:

❖ ¿Cuántas herramientas hay en total?
En total hay 16 herramientas.
Completa las siguientes afirmaciones:
❖ Hay __3__ taladros de un total de __16__ herramientas.
❖ Hay __5__ martillos de un total de __16__ herramientas.
❖ Hay __2__ palas de un total de __16__ herramientas.
❖ Hay __6__ llaves de tuercas de un total __16__ herramientas.

Ejercicios

1. Observa la figura siguiente:

❖ ¿Cuántas paletas hay en total?

Completa las siguientes afirmaciones:

❖ Hay ___ paletas de limón de un total de ___ paletas.
❖ Hay ___ paletas de chocolate de un total de ___ paletas.
❖ Hay ___ paletas de fresa de un total de ___ paletas.
❖ Hay ___ paletas de vainilla de un total de ___ paletas.

2. Observa la figura siguiente:

❖ ¿Cuántos objetos hay en total?

Completa las siguientes afirmaciones:

❖ Hay ___ sombreros de un total de ___ objetos.

❖ Hay ___ sandalias de un total de ___ objetos.

❖ Hay ___ lentes de sol de un total de ___ objetos.

❖ Hay ___ gorras de un total de ___ objetos.

❖ Hay ___ trajes de baño de un total de ___ objetos.

3. Observa la figura siguiente:

❖ ¿Cuántos vehículos hay en total?

Completa las siguientes afirmaciones:

❖ Hay ___ aviones de un total de ___ vehículos.

❖ Hay ___ veleros de un total de ___ vehículos.

❖ Hay ___ trolebuses de un total de ___ vehículos.

❖ Hay ___ autobuses de un total de ___ vehículos.

❖ Hay ___ coches de un total de ___ vehículos.

 Actividades: ¡A contar! • La granja

Dividiendo un conjunto en partes iguales

María encontró en su libro la ilustración siguiente:

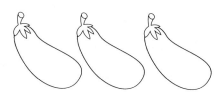

y coloreó una de las berenjenas. ¿Cómo se expresa el número de berenjenas coloreadas, con respecto al total?

Solución:

María coloreó una de las berenjenas:

- ❖ En total hay 3 berenjenas.
- ❖ 1 berenjena está coloreada.
- ❖ 1 berenjena coloreada de un total de 3.

María coloreó la tercera parte de las berenjenas, es decir, coloreó un tercio.

Este tipo de actividades tiene por objetivo familiarizar a los niños con el lenguaje de fracciones que utilizará en el futuro. Se espera que desde el primer año de educación básica el niño reconozca los nombres de fracciones sencillas, como tercios, cuartos, novenos, etcétera.

Ejemplos

1. Observa la ilustración:

¿Cuántas peras hay en total? ¿Cuántas son verdes? ¿Cómo se expresa el número de peras verdes, con respecto al total?

Solución:

❖ Hay 2 peras en total.

❖ 1 de las peras es verde.

❖ 1 pera verde de un total de 2.

La mitad de las peras son verdes, es decir, un medio de las peras son verdes.

Cada pera es la mitad del total.

2. Observa la ilustración:

¿Cuál es el número total de rábanos? ¿Cuántos rábanos no tienen hojas? ¿Cómo se expresa el número de rábanos sin hojas, con respecto al total?

Solución:

❖ Hay 7 rábanos en total.

❖ 1 de los rábanos no tiene hojas.

❖ 1 rábano sin hojas de un total de 7.

❖ Un séptimo de los rábanos no tiene hojas.

❖ Cada rábano es un séptimo del total.

3. En la ilustración siguiente:

¿Cuántos peces hay en total? ¿Cuántos peces están coloreados? ¿Cómo se expresa el número de peces coloreados, con respecto al total?

Solución:

- ❖ Hay 5 peces en total.
- ❖ 2 peces están coloreados.
- ❖ 2 peces coloreados de un total de 5.
- ❖ Dos quintas partes están coloreados, es decir, dos quintos de los peces están coloreados.

Ejercicios

1. Observa la ilustración siguiente:

- ❖ ¿Cuántos delfines hay en total?
- ❖ ¿Cuántos de ellos están a punto de caer al agua?
- ❖ ¿Cómo se expresa el número de delfines a punto de caer, con respecto al total?

2. El espiráculo es el orificio que tienen las ballenas en la parte superior y se abre para que puedan tomar aire; al hacerlo vemos que expulsan un chorro de agua con aire. Observa la ilustración siguiente:

* ¿Cuántas ballenas hay en total?
* ¿Cuántas de las ballenas tienen el espiráculo abierto?
* ¿Cómo se expresa el número de ballenas con el espiráculo abierto, con respecto al total?

3. Observa la ilustración siguiente:

* ¿Cuántos animales hay en total?
* ¿Cuántos de ellos están vestidos?
* ¿Cuántos de ellos están desnudos?
* ¿Cómo se expresa el número de animales vestidos, con respecto al total?

Actividades: Sopa de letras

Partes de un conjunto

Daniel tiene 3 perros y 2 gatos.

❖ ¿Cuántos animales tiene en total?
❖ Del total de animales, ¿cuántos son perros?
❖ Del total de animales, ¿cuántos son gatos?

Solución:

En total tiene 5 animales. De ellos 3 son perros, es decir, tiene 3 perros de un total de 5 animales.

Esto lo representamos como

$$\frac{3}{5} \quad \begin{array}{l} \longleftarrow \text{ 3 son perros} \\ \hline \longleftarrow \text{ 5 son animales} \end{array}$$

$\frac{3}{5}$ de los animales son perros, lo leemos como tres quintos.

Tiene 2 gatos, es decir, tiene 2 gatos de un total de 5 animales:

$$\frac{2}{5} \quad \begin{array}{l} \longleftarrow \text{ 2 son gatos} \\ \hline \longleftarrow \text{ 5 animales} \end{array}$$

$\frac{2}{5}$ de los animales son gatos, lo leemos como dos quintos.

En la representación $\frac{2}{5}$, los números que aparecen, por el lugar que ocupan, reciben los siguientes nombres:

$$\frac{\text{numerador} \longrightarrow}{\text{denominador} \longrightarrow} \qquad \frac{2}{5}$$

Lo anterior corresponde a la interpretación de las fracciones en la que consideramos partes de un conjunto. Aquí se introduce la notación de fracciones.

Observamos que el numerador corresponde al número de elementos que comparten una propiedad y el denominador al total de ellos.

Es conveniente seguir utilizando las dos expresiones:

Hay 2 gatos de un total de 5 animales.

Dos quintos de los animales son gatos.

Ejemplos

1. Federico tiene 4 pelotas de las cuales 3 son rojas. ¿Qué fracción de las pelotas son rojas?

Solución:

$$\frac{3}{4} \qquad \frac{\longleftarrow 3 \text{ pelotas son rojas}}{\longleftarrow 4 \text{ pelotas en total}}$$

entonces escribimos: $\frac{3}{4}$ de las pelotas son rojas.

Se lee, tres cuartos de las pelotas son rojas.

2. Sobre la mesa hay 3 vasos, 2 están llenos. ¿Qué fracción de los vasos están llenos?

Solución:

$$\frac{2}{3} \qquad \frac{\longleftarrow 2 \text{ vasos llenos}}{\longleftarrow 3 \text{ vasos en total}}$$

entonces escribimos: $\frac{2}{3}$ de los vasos están llenos.

Se lee, dos tercios de los vasos están llenos.

3. En la ilustración siguiente colorea la fracción $\frac{5}{8}$.

Solución:

De los 8 vasos que hay en la ilustración, hay que iluminar 5.

NOTA: Esta es sólo una de las soluciones posibles. Los niños puede iluminar cualesquiera cinco vasos.

4. En la ilustración siguiente, escribe la fracción que indica cuántos perros tienen pantalón naranja.

Solución:

De los cuatro perros que hay en la ilustración, los 4 tienen pantalón naranja, es decir:

Hay 4 perros con pantalón naranja de un total de 4, entonces escribimos: $\frac{4}{4}$.

Ejercicios

1. Observa la siguiente figura:

En cada caso, escribe cómo se lee la fracción que obtuviste.

❖ ¿Qué fracción de los animales son mariposas?

❖ ¿Qué fracción de los animales tienen cuatro patas?

❖ ¿Qué fracción de los animales pueden volar?

2. Observa la siguiente figura:

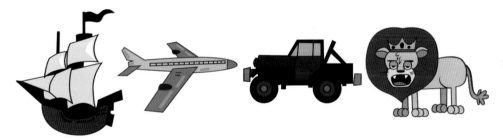

❖ ¿Qué fracción de los juguetes pueden navegar?

❖ ¿Qué fracción de los juguetes son animales?

❖ ¿Qué fracción de los juguetes tienen ruedas?

Problemas

1. En el huerto de la escuela hay 3 perales y 2 manzanos. ¿Qué fracción de los árboles son perales?

2. El salón de clase tiene 4 ventanas, una de ellas está cerrada. ¿Qué fracción de las ventanas están abiertas?

3. Juana, Carlos, Pedro, Raúl y Roberto están jugando en el patio. ¿Qué fracción de los amigos es mujer?

4. En el jardín hay 3 rosales, $\frac{2}{3}$ están floreados. ¿Cuántos rosales están floreados?

5. De los siguientes deportes: futbol, natación, tenis, beisbol, equitación, ciclismo y maratón, ¿qué fracción utilizan una pelota?

6. ¿Qué fracción de los siete días de la semana no tienen *s* en su nombre?

7. La casa de Julieta está a una distancia de 5 cuadras iguales del colegio. Si ya recorrió 4 cuadras, ¿qué fracción del camino ha recorrido?

8. Juan está pintando su habitación que tiene 4 paredes iguales. Ya pintó 1 de las paredes. ¿Qué fracción de la habitación ya está pintada? ¿Qué fracción de la habitación le falta pintar?

9. De una caja de 12 lápices de colores, se perdieron 5. ¿Qué fracción de los lápices se perdió? ¿Qué fracción de los lápices no se perdió?

10. En una caja de 50 gises, hay 18 de colores y el resto son blancos. ¿Qué fracción de los gises son de colores? ¿Qué fracción de los gises son blancos?

11. En el equipo de futbol de la escuela de Ricardo, los jugadores están distribuidos de la manera siguiente: 4 defensas, 4 medios, 2 delanteros y 1 portero. ¿Qué fracción de los jugadores son defensas? ¿Qué fracción de los jugadores son medios? ¿Qué fracción de los jugadores son delanteros? ¿Qué fracción de los jugadores son porteros?

Actividades: Relaciona figura con fracción • Mariposas • ¿Cómo se lee? • Sopa de fracciones • Colorea la fracción • ¿Cuál es la fracción coloreada? • Colorea la estrella

Fracciones y reparto

Sonia cortó del limonero 35 limones que repartió en 5 canastas para regalar a sus amigas. En cada canasta puso el mismo número de limones. ¿Cuántos limones hay en cada canasta? ¿Qué fracción del total hay en cada canasta?

Solución:
Sonia reparte un limón en cada una de las canastas hasta que se acaban.

En cada canasta quedaron 7 limones de un total de 35 y los repartió todos, es decir, $\frac{7}{35}$.

Observa que a cada canasta le toca 1 de cada 5 limones. En cada canasta hay $\frac{1}{5}$ del total.

En esta sección aprovechamos la noción de reparto que tiene el niño para acercarlo a los conceptos de fracción equivalente y fracción en su mínima expresión. En este momento no hace falta hablar de los conceptos como tales, únicamente queremos que observe que puede formar determinado número de conjuntos con el mismo número de elementos.

Estas actividades se pueden realizar en todos los grados de la educación básica, empezando con números pequeños y aumentando gradualmente.

Ejemplos

1. Ricardo compró 12 tulipanes y los repartió en 4 jarras con agua. En cada jarra puso el mismo número de flores. ¿Cuántas flores hay en cada jarra? ¿Qué fracción del total hay en cada jarra?

Solución:

Ricardo reparte los tulipanes colocándolos de uno en uno en las jarras, hasta que se acaban.

Se repartieron todos, en cada jarra quedaron 3 tulipanes de un total de 12, es decir, $\frac{3}{12}$.

Observa que a cada jarra le toca 1 de cada 4 tulipanes. En cada jarra hay $\frac{1}{4}$ del total.

2. En el parque hay 3 estanques. El administrador compró 24 patos y quiere colocar el mismo número de patos en cada estanque. ¿Cuántos patos hay en cada estanque? ¿Qué fracción del total hay en cada estanque?

Solución:

El administrador repartió los patos en cada uno de los estanques, uno por uno hasta que se acabaron.

Repartió todos los patos, en cada estanque colocó 8 patos de un total de 24, es decir, $\frac{8}{24}$.

Observa que a cada estanque le toca 1 de cada 3 patos. En cada estanque hay $\frac{1}{3}$ del total.

Problemas

1. A un acuario llegaron 18 truchas. Hay 3 estanques para depositarlas. Si en cada estanque debe haber el mismo número de truchas, ¿cuántas truchas hay en cada estanque? ¿Qué fracción del total hay en cada estanque?

2. Micaela hizo 30 galletas y las empacó en 6 bolsitas. Si en cada bolsita puso el mismo número de galletas, ¿cuántas galletas hay en cada bolsita? ¿Qué fracción del total hay en cada bolsita?

3. En un campamento hay 4 tiendas de campaña. Llegaron 28 niños. Si en cada tienda tiene que haber el mismo número de niños, ¿cuántos niños durmieron en cada tienda? ¿Qué fracción del total hay en cada una?

4. Tlalpujahua, municipio del estado de Michoacán, es uno de los pueblos mágicos de México, famoso por la fabricación

de esferas navideñas. En una casa se elaboraron 84 esferas. Se quieren empacar en 7 cajas, todas ellas con el mismo número de esferas. ¿Cuántas esferas caben en cada caja? ¿Qué fracción del total hay en cada una de ellas?

5. Rubén tiene 96 canicas de 8 tipos distintos. De cada tipo tiene el mismo número de canicas. Las quiere separar por tipo, ¿cuántas canicas hay de cada tipo? ¿Qué fracción del total hay en cada montón?

6. 60 niños de primaria van de paseo a una fábrica de dulces. Para trasladarse usarán 4 autobuses. En cada autobús debe ir el mismo número de niños. ¿Cuántos niños deben ir en cada autobús? ¿Qué fracción del total irá en cada uno de ellos?

7. Las artesanías del estado de Jalisco son famosas en el mundo. La cerámica de alta temperatura y el vidrio soplado son sólo una muestra de la gran variedad producida en el estado. Tonalá es un poblado que colinda con Tlaquepaque, uno de los lugares más conocidos, y es un centro de artesanías reconocido internacionalmente. Los vasos de múltiples colores se ven en todas sus calles, donde se exhiben sobre grandes mesas. ¿Cuántos vasos caben en una caja si 560 vasos pueden colocarse en 14 cajas de manera que todas ellas tengan el mismo número de vasos? ¿Qué fracción del total habrá en cada una?

8. Quiroga es una población localizada a 45 kilómetros de Morelia, la capital del estado de Michoacán. Uno de los principales atractivos de Quiroga es la fabricación y venta de artesanías en madera, entre las que se encuentran los juguetes, hay yoyos, trompos, matracas, perinolas y otros. ¿En cuántas cajas se pueden empacar 368 baleros de copa si en cada caja caben 16 de ellos? ¿Qué fracción del total habrá en cada caja?

9. En Puebla se elabora un dulce tradicional con un tubérculo llamado camote. Los hay de distintos sabores y colores. Se

empacan en pequeñas cajas de 12 camotes cada una. ¿Cuántas cajas pueden llenarse con 156 camotes? ¿Qué fracción del total se colocará en cada una?

10. En Real del Monte, estado de Hidalgo, son famosos los pastes, empanadas horneadas con distintos rellenos; el relleno tradicional es de carne con papa, pero los hay de muchos otros rellenos, incluso los hay dulces. Miguel compró 110 pastes y pidió que los empacaran en 11 cajas, de manera que en cada caja hubiera el mismo número de pastes. ¿Cuántos pastes le pusieron en cada caja? ¿Qué fracción del total hay en cada una de ellas?

Actividades: A cada uno lo que necesita • Globos, macetas, perros y gallinas

Partes de una unidad

La figura siguiente está dividida en tres partes iguales. ¿Cuántas partes están iluminadas? Escribe la fracción correspondiente.

Solución:

La figura está dividida en tres partes iguales. Una de las tres está iluminada, es decir, 1 parte iluminada de un total de 3.

Esto lo representamos como:

$$\frac{1}{3} \quad \begin{array}{l} \longleftarrow \text{1 parte iluminada} \\ \hline \longleftarrow \text{3 partes iguales} \end{array}$$

Un tercio de las partes está iluminada.

En esta sección vemos las fracciones como partes de una unidad. Es indispensable que la figura que se utiliza como unidad esté dividida en partes iguales.

Observamos que el concepto de fracción es el mismo: ahora consideramos el conjunto de partes en que está dividida la figura y tomamos cierto número de ellas.

Ejemplos

1. Cristina compró un pastel, lo partió en 4 rebanadas iguales y se comió 3 de ellas. ¿Cuánto pastel comió? Escribe la fracción que representa.

Solución:

Dibujamos un pastel, lo dividimos en 4 partes iguales y coloreamos las 3 rebanadas que se comió Cristina.

Cristina se comió 3 rebanadas de un total de 4.

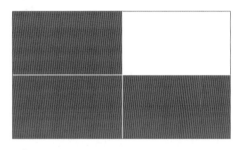

Representamos esto como una fracción:

$$\frac{\text{numerador} \longrightarrow}{\text{denominador} \longrightarrow} \qquad \frac{3}{4} \qquad \frac{\longleftarrow \text{ se comió 3 rebanadas}}{\longleftarrow \text{ 4 rebanadas en total}}$$

La fracción $\frac{3}{4}$ representa la cantidad de pastel que se comió. Se lee tres cuartos. Comió $\frac{3}{4}$ de pastel.

NOTA: No importa cuál es la forma del pastel, lo importante es que debe dividirse en 4 partes iguales.

2. En la figura siguiente:

   ¿Cuántas partes están coloreadas? Escribe la fracción que representan.

Solución:

La figura está dividida en 5 partes iguales, 2 de ellas están coloreadas.

$$\frac{2}{5} \qquad \frac{\longleftarrow \text{ 2 partes coloreadas}}{\longleftarrow \text{ 5 partes iguales}}$$

Dos quintos de las partes están coloreadas.

Ejercicios

1. Cada figura está dividida en partes iguales. Di cómo se llama cada una de las partes iguales.

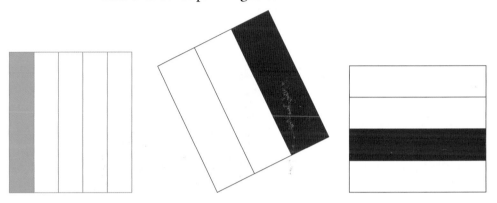

2. En cada ejercicio, indica qué fracción de la figura está coloreada.

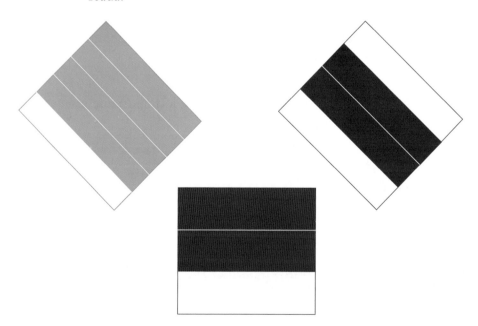

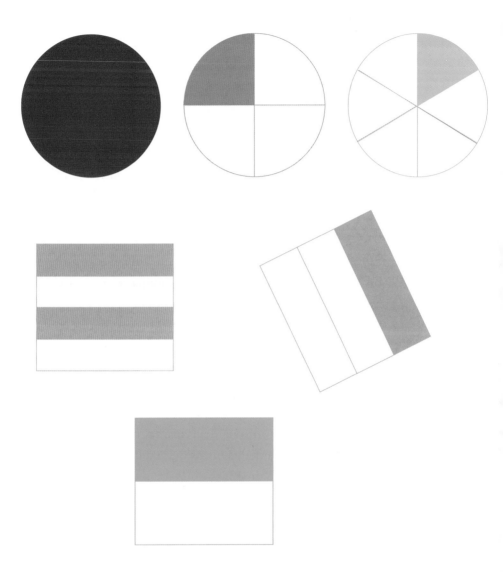

Problemas

1. Una estrella de 7 puntas tiene 3 de ellas coloreadas de rojo, 2 de azul y 2 sin colorear. ¿Qué fracción de las puntas está sin colorear?

2. Una barra de chocolate está divida en 6 porciones iguales. Si la quieres repartir entre 3 niños, ¿qué fracción del chocolate le toca a cada uno?

3. Un pastel rectangular está divido en 12 rebanadas iguales. Si 5 personas toman una rebanada cada una, ¿qué fracción del pastel queda?

4. Una hoja de papel está doblada en cuatro partes iguales. Dos de ellas están coloreadas, ¿qué fracción de la hoja está coloreada?

5. Una alberca olímpica mide 50 metros de largo y está dividida en 8 carriles iguales. En una competencia se utilizaron sólo 5 de ellos, ¿qué fracción de los carriles se utilizó?

6. La tela de un paraguas es un nonágono regular formado por 9 lienzos triangulares, 6 de ellos son floreados y 3 de color liso. ¿Qué fracción de la tela del paraguas es floreada? ¿Qué fracción es de color liso?

7. En el refrigerador de una tienda de autoservicio se encuentran colocados las cremas, los quesos y las mantequillas, ocupando cada variedad de lácteos la tercera parte del refrigerador. Escribe la fracción que representa el espacio que ocupan las mantequillas y las cremas juntas.

8. Las llantas del automóvil de Ricardo tienen 5 birlos cada una. ¿Qué fracción de los birlos de una llanta falta por quitar, si se han retirado 3 de ellos?

9. Mariana partió un pastel en 14 rebanadas, si 3 personas toman 2 rebanadas cada una, ¿qué fracción del pastel queda?

10. Rosa tiene un automóvil que gasta un tanque de gasolina a la semana, usándolo todos los días. Si el recorrido que hace es siempre el mismo, ¿qué fracción del tanque utiliza en 3 días?

Actividades: Adivina cuál es • Iluminando partes de la unidad • Identifica la fracción en la banda • Completa la fracción

La fracción es la misma

La gata de David tuvo 5 cachorros de los cuales 3 son grises. ¿Qué fracción de los gatitos son grises?

Solución:

En total hay 5 gatitos, 3 de ellos son grises.

Esto lo representamos como $\frac{3}{5}$.

Tres quintos de los gatos son grises.

En la siguiente ilustración la figura está dividida en 5 partes iguales de las cuales 3 están iluminadas. ¿Qué fracción está iluminada?

Solución:

Hay 3 partes iluminadas de un total de 5 y lo representamos como $\frac{3}{5}$.

En el problema de la gata $\frac{3}{5}$ representa 3 cachorros grises de un total de 5.

En el de la figura $\frac{3}{5}$ representa 3 partes iluminadas de un total de 5.

Es decir, tenemos dos interpretaciones distintas de una fracción, como partes de un conjunto o como partes de una unidad. En ambos casos la fracción $\frac{3}{5}$ representa 3 de un total de 5.

1. Escribe la fracción que representa los triceratops del total de los dinosaurios.

Solución:

Hay 7 dinosaurios de los cuales 3 son triceratops. Esto lo representamos como $\frac{3}{7}$.

La figura de la izquierda está dividida en 7 partes iguales de las cuales 3 están iluminadas, esto lo representamos como $\frac{3}{7}$.

2. Escribe la fracción que representa las alcachofas del total de verduras.

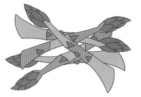  

Escribe la fracción que representa la parte coloreada de la figura de la derecha.

Solución:

Hay 10 verduras de las cuales 3 son alca-chofas. Esto lo representamos como $\frac{3}{10}$.

La figura está dividida en 10 partes iguales de las cuales 3 están iluminadas, esto lo representamos como $\frac{3}{10}$.

Ejercicios

1. En la mesa hay 6 cucharas, 4 tenedores y 5 cuchillos. Escribe la fracción que representa el número de cuchillos del total de cubiertos.
2. Un acuario tiene delfines de dos especies distintas. Tiene 5 delfines nariz de botella y 2 delfines de Risso. Escribe la fracción que representa el número de delfines de cada especie del total de delfines.
3. Un zoológico va a adquirir 5 elefantes, 2 de los cuales son africanos. Escribe la fracción que representa el número de elefantes asiáti-cos que adquirirá el zoológico.
4. Escribe la fracción que representa la parte colo-reada de la figura de la derecha.

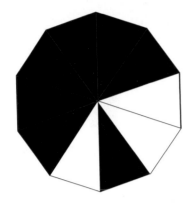

5. En una pecera de agua dulce hay 17 peces: 3 tiburones bala, 2 tiburones cola roja, 4 peces gato, 1 pez perico, 7 peces ángel. Escribe la fracción que representan los peces ángel del total de los peces.

6. Escribe la fracción que representa la parte coloreada de la figura de la izquierda.

7. Escribe la fracción que representa la parte iluminada de la figura de abajo.

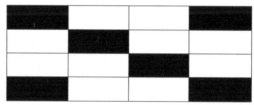

8. En un aviario hay aves mexicanas en peligro de extinción. Hay 10 charas garganta blanca, 6 mosqueros del Balsas, 15 loros corona lila, 20 coquetas cresta corta y 10 gorriones serranos. Escribe la fracción que representan los loros del total de aves.

9. En un criadero de perros tienen:

Raza	Número	Lugar de origen
Boxer	12	Alemania
Beagle	16	Inglaterra
Caniche	8	África
Dálmata	13	Croacia
Xoloitzcuintle	7	México

Escribe la fracción que representa cada raza del total de perros.

Las bandas
y las fracciones

Las bandas son tiras de papel o cartón de diferentes colores, todas de igual tamaño, con marcas que las dividen en partes iguales.

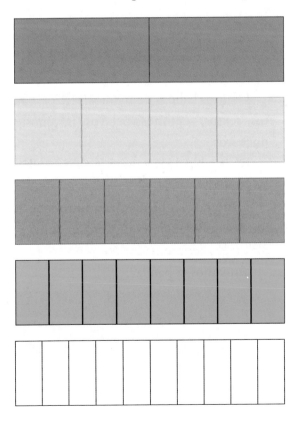

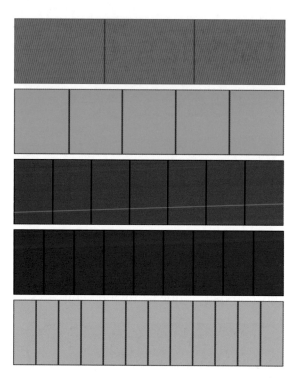

Medios	Lila
Tercios	Naranja
Cuartos	Amarillo
Quintos	Verde
Sextos	Rosa
Séptimos	Rojo
Octavos	Azul
Novenos	Morado
Décimos	Blanco
Doceavos	Verde claro

Usamos bandas de medios, tercios, cuartos, quintos, sextos, séptimos, octavos, novenos, décimos y doceavos.

En la tabla de la izquierda aparecen los colores de las bandas.

Usaremos las bandas para introducir los conceptos de equivalencia, comparación, suma, resta, multiplicación, denominador común y división.

Tomamos la banda

¿En cuántas partes está dividida la banda?

¿Cómo se llama cada parte?

Solución:

La banda está dividida en dos partes iguales. Cada parte se llama *un medio.*

Ejercicios

Contesta:

1. ¿En cuántas partes está dividida la banda lila?
   ¿Cómo se llama cada parte?
2. ¿En cuántas partes está dividida la banda anaranjada?
   ¿Cómo se llama cada parte?
3. ¿En cuántas partes está dividida la banda amarilla?
   ¿Cómo se llama cada parte?
4. ¿En cuántas partes está dividida la banda verde?
   ¿Cómo se llama cada parte?
5. ¿En cuántas partes está dividida la banda rosa?
   ¿Cómo se llama cada parte?
6. ¿En cuántas partes está dividida la banda roja?
   ¿Cómo se llama cada parte?
7. ¿En cuántas partes está dividida la banda azul?
   ¿Cómo se llama cada parte?
8. ¿En cuántas partes está dividida la banda morada?
   ¿Cómo se llama cada parte?
9. ¿En cuántas partes está dividida la banda blanca?
   ¿Cómo se llama cada parte?
10. ¿En cuántas partes está dividida la banda verde claro?
    ¿Cómo se llama cada parte?

Comparación de fracciones con el mismo denominador

En la siguiente estrella:

* ❖ ¿Cuántas puntas tiene la estrella?
* ❖ ¿Cuántas puntas están pintadas de rojo? Escribe la fracción correspondiente.
* ❖ ¿Cuántas puntas están pintadas de azul? Escribe la fracción correspondiente.
* ❖ ¿Qué fracción es mayor?

Solución:

❖ ¿Cuántas puntas tiene la estrella?

La estrella tiene 15 puntas.

❖ ¿Cuántas puntas están pintadas de rojo?

Hay 8 puntas rojas de un total de 15, es decir, $\frac{8}{15}$.

❖ ¿Cuántas puntas están pintadas de azul?

Hay 5 puntas azules de un total de 15, es decir, $\frac{5}{15}$.

❖ ¿Qué fracción es mayor?

Observamos ambas cantidades:

$$\frac{8}{15}, \frac{5}{15} \quad \text{los numeradores son 8 y 5}$$
los denominadores son iguales

Como 8 es mayor que 5, es decir,

$$8 > 5$$

tenemos que

$$\frac{8}{15} > \frac{5}{15}$$

Para comparar fracciones con el mismo denominador, comparamos los numeradores. La fracción que corresponde al más pequeño de los numeradores es menor que la otra.

Ejemplos

1. En la siguiente ilustración,

❖ ¿Cuántas figuras hay en total?

❖ ¿Cuántos paraguas hay? Escribe la fracción correspondiente.

❖ ¿Cuántos árboles hay? Escribe la fracción correspondiente.

❖ ¿Qué fracción es menor?

Solución:

❖ ¿Cuántas figuras hay en total?

En total, hay 13 figuras.

❖ ¿Cuántos paraguas hay?

Hay 4 paraguas de un total de 13 figuras, es decir, $\frac{4}{13}$.

❖ ¿Cuántos árboles hay?

Hay 9 árboles de un total de 13 figuras, es decir, $\frac{9}{13}$.

❖ ¿Qué fracción es menor?

Observamos ambas cantidades:

$$\frac{4}{13}, \quad \frac{9}{13} \qquad \text{los numeradores son 4 y 9}$$
los denominadores son iguales.

Como 4 es menor que 9, es decir,

$$4 < 9,$$

tenemos que $\frac{4}{13} < \frac{9}{13}$.

2. Compara $\frac{5}{7}$ y $\frac{2}{7}$.

Solución:

Tomamos dos bandas de séptimos en blanco. En una iluminamos $\frac{5}{7}$ y en la otra $\frac{2}{7}$:

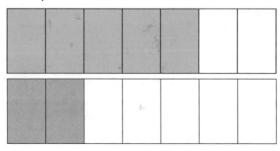

entonces

$$\frac{5}{7} \text{ es mayor que } \frac{2}{7},$$

es decir,

$$\frac{5}{7} > \frac{2}{7}.$$

3. Compara $\frac{3}{8}$ y $\frac{6}{8}$.

Solución:

$$\frac{3}{8}, \quad \frac{6}{8} \qquad \text{los numeradores son 3 y 6}$$
$$\text{los denominadores son iguales}$$

Como 3 es menor que 6, entonces

$$\frac{3}{8} \text{ es menor que } \frac{6}{8}$$

es decir,

$$\frac{3}{8} < \frac{6}{8}.$$

4. De la superficie de la Tierra, $\frac{7}{10}$ está cubierta por los mares y $\frac{3}{10}$ está ocupada por tierra. ¿Cuál de las dos superficies es mayor?

Solución:

Observamos ambas cantidades:

$$\frac{7}{10} \quad \frac{3}{10} \qquad \text{los numeradores son 7 y 3}$$
$$\text{los denominadores son iguales}$$

Como 7 es mayor que 3, entonces

$$\frac{7}{10} \text{ es mayor que } \frac{3}{10}.$$

Escribimos

$$\frac{7}{10} > \frac{3}{10}.$$

La superficie cubierta por agua es mayor.

Ejercicios

Compara las fracciones utilizando < , > o bien =.

1. Utiliza la ilustración para comparar $\frac{5}{8}$ y $\frac{3}{8}$.

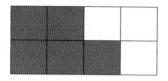 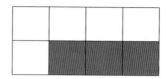

2. Utiliza la ilustración para comparar $\frac{2}{6}$ y $\frac{3}{6}$.

 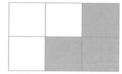

3. Escribe las fracciones iluminadas en cada una de las figuras siguientes y compáralas.

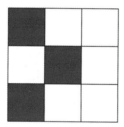 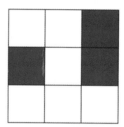

4. Escribe las fracciones iluminadas en cada una de las figuras siguientes y compáralas.

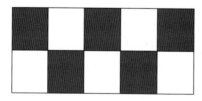 

5. $\frac{3}{5}$ ☐ $\frac{4}{5}$

7. $\frac{2}{3}$ ☐ $\frac{1}{3}$

9. $\frac{1}{5}$ ☐ $\frac{2}{5}$

6. $\frac{2}{9}$ ☐ $\frac{5}{9}$

8. $\frac{6}{7}$ ☐ $\frac{4}{7}$

10. $\frac{2}{4}$ ☐ $\frac{3}{4}$

Problemas

1. Jesús ha pintado $\frac{5}{8}$ partes de una barda y Juan ha pintado $\frac{3}{8}$ de otra barda del mismo tamaño. ¿Quién ha pintado más?

2. El mes de junio llovió $\frac{4}{5}$ de los días y en el mes de noviembre llovió $\frac{1}{5}$ de los días, ¿en qué mes llovió más?

3. En la República Mexicana, $\frac{5}{7}$ de los habitantes vive en las ciudades y $\frac{2}{7}$ en el campo, ¿en dónde hay más habitantes, en el campo o en las ciudades?

4. De los días de la semana, ¿qué fracción tiene la letra *m* en su nombre?, ¿qué fracción tiene la letra *o* en su nombre? ¿Cuál de las dos fracciones es la mayor?

5. De los 12 meses del año, escribe la fracción que denota el número de ellos que tienen 31 días y la correspondiente al número de ellos que tienen 30 días. ¿Cuál de las fracciones es mayor?

6. Escribe las fracciones que representan el número de meses que tienen *a* en su nombre y los que tienen *b* en su nombre. ¿Cuál de las fracciones es menor?

7. El número de ríos considerados más grandes, por el tamaño de su caudal, en México, es 11. De ellos, 2 se encuentran al norte del trópico de Cáncer y el resto al sur de éste. Escribe las fracciones que corresponden a los ríos más caudalosos, al norte y al sur del trópico de Cáncer. ¿Cuál de las fracciones es menor?

8. Mi nombre tiene 5 letras, 2 de ellas son consonantes y las otras 3 son vocales. Escribe las fracciones que representan el número de vocales y el de consonantes que hay en mi nombre. ¿Cuál de las fracciones es mayor? Escribe un nombre con estas características.

9. El mes de junio trabajé 15 días; descansé 5 sábados, 4 domingos y 6 días que estuve enfermo. Escribe las fracciones, en días, que corresponden a los días que trabajé y a los que descansé. ¿Cuál de las fracciones es menor?

10. En una granja hay: 1 vaca, 2 cerdos, 5 patos, 3 gallinas, 1 gallo, 4 perros, 2 gansos y 1 gato. Escribe las fracciones que representan el número de animales de cuatro patas y el número de animales que tienen dos patas. ¿Cuál de las fracciones es mayor?

Actividades: Une en orden • Pesca y acomoda
• Compara e ilumina

Fracciones en la recta numérica

División de un segmento en partes iguales

Veamos cómo dividir un segmento en 5 partes iguales.

Trazamos un segmento cualquiera con extremos A y B.

Levantamos una recta perpendicular al segmento AB que pase por A.

Elegimos cualquier medida arbitraria y hacemos una marca

sobre la recta perpendicular; llamamos *C* al punto marcado. Después colocamos el compás en *A* y lo abrimos hasta llegar a *C*. Con esta abertura marcamos los puntos *D, E, F* y *G* sobre la recta en la que se encuentra *C*.

Usando una escuadra trazamos un segmento de recta que una *G* con *B*. Sin moverla colocamos la otra escuadra como muestra la figura

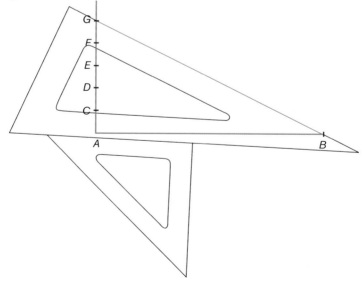

y deslizamos la primera escuadra hacia la izquierda hasta llegar al punto *F*, en donde trazamos otro segmento que corta al segmento *AB* y que es paralelo al segmento *GB*.

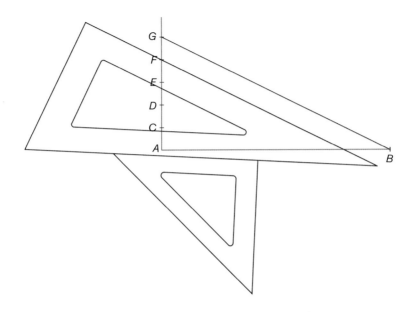

Repetimos este procedimiento para trazar segmentos paralelos al segmento *GB* por los puntos *E*, *D* y *C*.

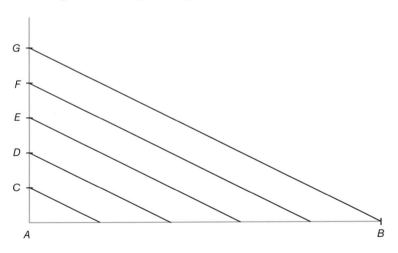

Marcamos los puntos de intersección de estas rectas con el segmento *AB*, obtenemos los puntos *H, I, J* y *K*.

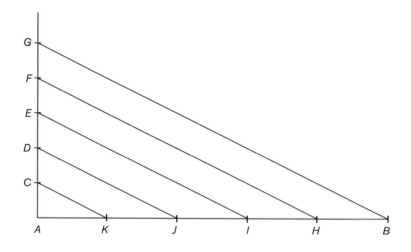

Los segmentos *AK, KJ, JI, IH* y *HB* tienen la misma longitud. Es decir, el segmento *AB* está dividido en 5 partes iguales.

Usando el procedimiento anterior, puedes elaborar tus bandas. Recuerda que todas deben tener el mismo tamaño. Saber dividir un segmento en partes iguales es útil para localizar fracciones en la recta numérica, como veremos a continuación.

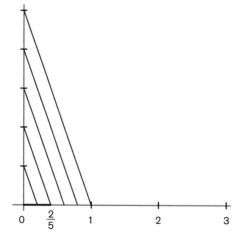

Localización de una fracción en la recta

Localizar el número $\frac{2}{5}$ en la recta numérica.

Solución:

Localizamos en una recta numérica el 0 y el 1. Dividimos el segmento que une al 0 con el 1 en 5 partes iguales y después, a partir del cero, nos movemos hacia la derecha y tomamos dos de estas partes. El extremo derecho es el correspondiente a $\frac{2}{5}$.

Con este procedimiento no es necesario utilizar un papel cuadriculado para localizar puntos en la recta numérica.

Un error común cuando se usa papel cuadriculado es utilizar dos cuadritos para dividir la unidad en dos y tres cuadritos para dividirla en tres. En este caso, la unidad que se ha considerado en cada caso es distinta, por eso es preferible, en este caso, evitar el uso de este tipo de papel.

Ejemplos

1. Localizar el número $\frac{1}{3}$ en la recta numérica.

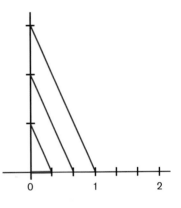

Solución:

Dividimos el segmento que va del 0 al 1 en 3 partes iguales.

A partir del cero nos movemos hacia la derecha y tomamos una de estas partes. El extremo derecho corresponde a $\frac{1}{3}$.

2. Localizar el número $\frac{7}{4}$ en la recta numérica.

Solución:

Dividimos el segmento que va del 0 al 1 en 4 partes iguales.

A partir del cero nos movemos hacia la derecha y tomamos 7 de estas partes. El extremo derecho corresponde a $\frac{7}{4}$.

De esta manera, el segmento que va del 1 al 2 queda dividido en 4 partes iguales.

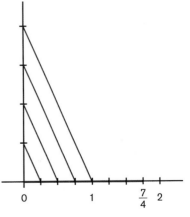

3. Localizar los números $\frac{2}{3}$ y $\frac{5}{3}$ en la siguiente recta numérica.

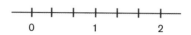

Solución:

Lo primero que hacemos es contar en cuántas partes iguales está dividido el segmento que va del 0 al 1.

Observamos que está dividido en 3 partes iguales, es decir, en tercios. Como tenemos que localizar $\frac{2}{3}$, entonces a partir del cero nos movemos hacia la derecha y tomamos 2 de estas partes. El extremo derecho corresponde a $\frac{2}{3}$.

Para localizar $\frac{5}{3}$, a partir del cero nos movemos hacia la derecha y tomamos 5 de estas partes. El extremo derecho corresponde a $\frac{5}{3}$.

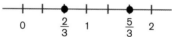

4. Localizar el número $\frac{7}{8}$ en la siguiente recta numérica.

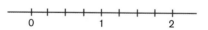

Solución:

Lo primero que hacemos es contar en cuántas partes iguales está dividido el segmento que va del 0 al 1. Observamos que está dividido en cuatro partes iguales, es decir, en cuartos.

Como necesitamos localizar el $\frac{7}{8}$, entonces estas divisiones no nos sirven, tenemos que dividir el segmento que va del 0 al 1 en ocho partes iguales.

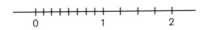

Ahora sí, a partir del cero nos movemos hacia la derecha y tomamos 7 de estas partes. El extremo derecho corresponde a $\frac{7}{8}$.

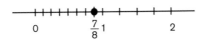

Ejercicios

Localiza en la recta numérica los siguientes números:

1. $\frac{15}{9}$

4. $\frac{5}{2}$

7. $\frac{11}{4}$

2. $\frac{3}{7}$

5. $\frac{6}{8}$

8. $\frac{7}{5}$

3. $\frac{8}{6}$

6. $\frac{2}{3}$

En cada caso escribe la fracción que corresponde al punto que aparece en la recta numérica.

9.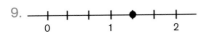

10.

11.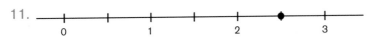

12.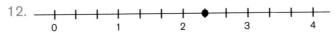

Actividades: En la recta • Identificando

Comparación de fracciones con distinto denominador

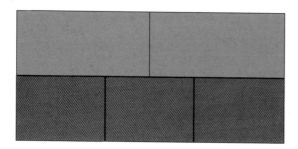

Coloca la banda de medios y debajo de ella la de tercios, como indica la figura.

¿Qué fracción es más grande $\frac{1}{2}$ o $\frac{1}{3}$?

Solución:

Un medio es mayor que un tercio, $\frac{1}{2} > \frac{1}{3}$.

Para comparar fracciones con distinto denominador, usaremos las bandas. La introducción de este concepto debe hacerse gradualmente, empezando de manera visual. Es necesario que el alumno haga muchas comparaciones de esta manera, así podrá realizar, en algún momento, comparaciones sencillas, mentalmente. El uso de los productos cruzados para hacer la comparación debe enseñarse cuando el concepto ya ha sido entendido.

Ejemplos

1. Usa las bandas de tercios y de cuartos para responder a la siguiente pregunta, ¿qué fracción es más chica, $\frac{1}{3}$ o $\frac{1}{4}$?

Solución:

Colocamos las bandas

Un cuarto es menor que un tercio, $\frac{1}{4} < \frac{1}{3}$.

2. ¿Qué fracción es más grande, $\frac{5}{9}$ o $\frac{3}{4}$?

Solución:

Usamos las bandas de cuartos y novenos:

Tres cuartos es mayor que cinco novenos, es decir,

$$\frac{3}{4} > \frac{5}{9}$$

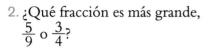

3. Usa las bandas de quintos y sextos. ¿Qué fracción es más grande, $\frac{1}{5}$ o $\frac{1}{6}$?

Solución:

$$\frac{1}{5} > \frac{1}{6}$$

Un quinto es mayor que un sexto.

4. ¿Qué fracción es más chica, $\frac{2}{5}$ o $\frac{3}{12}$?

Solución:

Usando las bandas de quintos y doceavos, observamos que

$$\frac{3}{12} < \frac{2}{5}.$$

5. Compara las fracciones $\frac{6}{7}$ y $\frac{9}{10}$.

Solución:

Para comparar las fracciones, calculamos los productos cruzados:

$$\frac{6}{7}\diagdown\kern-0.8em\diagup\frac{9}{10}$$

Calculamos primero el numerador de la primera fracción por el denominador de la segunda: $\frac{6}{7}\quad\frac{9}{10}$

es decir, $6 \times 10 = 60$

y colocamos el resultado en la casilla izquierda: | 60 | | |.

Después calculamos el denominador de la primera por el numerador de la segunda: $\frac{6}{7}\quad\frac{9}{10}$

es decir, $7 \times 9 = 63$

y colocamos el resultado en la casilla derecha: | 60 | | 63 |.

Como | 60 | < | 63 |, entonces

$$\frac{6}{7} < \frac{9}{10}.$$

Observa que si la flecha del producto que hacemos va de bajada, el resultado se coloca en la casilla izquierda; igualmente, si la flecha del producto que hacemos va de subida, el resultado se coloca en la casilla derecha.

Veamos por qué funciona el uso de los productos cruzados:

Observamos que

$$\frac{6}{7} = \frac{6 \times 10}{7 \times 10}$$
$$= \frac{60}{70}$$

y

$$\frac{9}{10} = \frac{9 \times 7}{10 \times 7}$$
$$= \frac{63}{70},$$

entonces como las dos fracciones tienen ahora el mismo denominador, basta con comparar los numeradores: $\frac{60}{70} < \frac{63}{70}$, es decir, $\frac{6}{7} < \frac{9}{10}$.

6. Compara las fracciones $\frac{7}{6}$ y $\frac{12}{11}$.

Solución:

Para comparar las fracciones, calculamos los productos cruzados:

$$\frac{7}{6} \diagdown \diagup \frac{12}{11}$$

El numerador de la primera fracción por el denominador de la segunda es: $7 \times 11 = 77$, entonces colocamos:

77	
.

El denominador de la primera por el numerador de la segunda es: $6 \times 12 = 72$, entonces colocamos:

77		72
.

Como $\boxed{77} > \boxed{72}$,

entonces $\dfrac{7}{6} > \dfrac{12}{11}$.

7. Compara las fracciones $\dfrac{5}{8}$ y $\dfrac{4}{5}$.

Solución:

Dividimos el segmento que va del 0 al 1 en 8 partes iguales, para lo cual trazamos las paralelas de color azul. Localizamos el punto correspondiente a $\dfrac{5}{8}$.

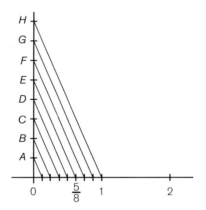

Ahora dividimos el segmento que va del 0 al 1 en 5 partes iguales. Para ello utilizamos sólo las cinco primeras marcas de la recta perpendicular, es decir, consideramos A, B, C, D y E. Unimos E con el 1 y trazamos segmentos paralelos a $E1$ que pasen por D, C, B y A, todos de color rojo. Localizamos el punto correspondiente a $\dfrac{4}{5}$.

Observamos que el punto correspondiente a $\dfrac{5}{8}$ se encuentra a la izquierda del correspondiente a $\dfrac{4}{5}$. Es decir, $\dfrac{5}{8} < \dfrac{4}{5}$.

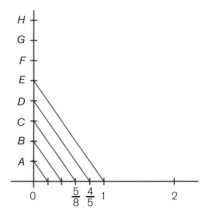

NOTA: Si localizamos dos fracciones distintas en la recta, la que se encuentra a la izquierda es menor que la otra.

Ejercicios

En cada caso, compara las fracciones.

1. $\dfrac{8}{5}$ y $\dfrac{5}{4}$

2. $\dfrac{4}{7}$ y $\dfrac{3}{2}$

3. $\dfrac{9}{10}$ y $\dfrac{3}{7}$

4. $\dfrac{11}{6}$ y $\dfrac{9}{5}$

5. $\dfrac{12}{7}$ y $\dfrac{17}{9}$

Problemas

1. En una célula de *Escherichia coli* alrededor de $\dfrac{7}{10}$ partes son agua mientras que en una medusa adulta $\dfrac{24}{25}$ partes son agua. ¿En cuál de las dos la proporción de agua es mayor?

2. $\dfrac{4}{5}$ de un tomate son agua y la cantidad correspondiente en una espiga de trigo es $\dfrac{19}{20}$. ¿En cuál de los dos la proporción de agua es menor?

3. Una onza troy de plata contiene $\dfrac{18}{25}$ de plata pura, mientras que en una onza de plata libertad la proporción de plata pura es $\dfrac{999}{1000}$. ¿Cuál de las dos monedas contiene mayor cantidad de plata?

4. La densidad es la cantidad de masa de un cuerpo por unidad de volumen. Si la densidad de la arena húmeda es de $\dfrac{41}{25}$ kg/dm³ y la de la arena seca es de $\dfrac{7}{5}$ kg/dm³, ¿cuál de las dos tiene mayor densidad?

5. El pH es el indicador de acidez de una sustancia. Si la leche tiene un pH de $\dfrac{67}{10}$ y la sangre de $\dfrac{184}{25}$, ¿cuál de los dos líquidos tiene un menor pH?

6. Dos tiendas de regalos reciben la misma cantidad de bufandas para la época navideña. Al terminar la temporada, a una de ellas le queda $\dfrac{1}{9}$ mientras que a la otra le sobraron $\dfrac{2}{17}$ del total. ¿Cuál de las dos tiendas vendió más?

7. Al salir de la bodega, el encargado informa al chofer de un tráiler que lleva refacciones para sustituir, en caso necesario, hasta $\frac{1}{12}$ de los neumáticos. Tres cuartos de hora más tarde, el tráiler sufre un desperfecto por exceso de carga, de manera que 3 de los neumáticos resultan inservibles. Si el tráiler usa 24 neumáticos, ¿lleva suficientes neumáticos para sustituir los dañados?

8. Rubén y Darío participan en una carrera atlética de 12 kilómetros. Veinte minutos después de la salida, Rubén ha recorrido 8 kilómetros, mientras que Darío ha recorrido $\frac{3}{4}$ del total. De seguir corriendo a ese ritmo, ¿quién ganaría la carrera?

9. Nina compró una bolsa con 60 canicas que repartió entre sus tres hijos. A Luis le dio $\frac{10}{30}$ del total, a Mario le dio 20 canicas y a Marcelo le dio $\frac{1}{3}$ del total. ¿Cuál de ellos recibió mayor número de canicas?

10. En un estante hay varios anaqueles con tornillos. Cada uno tiene una etiqueta con la medida del diámetro del cuerpo de los tornillos que ahí se encuentran. Si en tres anaqueles distintos se lee $\frac{5}{16}$, $\frac{3}{8}$ y $\frac{1}{4}$, ¿de cuál anaquel debe tomarse el tornillo si se desea que éste sea lo más grueso posible?

Actividades: Comparar fracciones con distinto denominador • Imprescindible en nuestros días • De paseo

Fracciones equivalentes

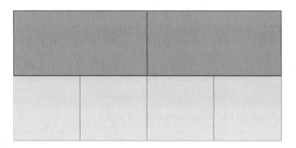

Las bandas y las fracciones equivalentes

Coloca la banda de medios y debajo de ella la de cuartos, como indica la ilustración.

¿Cuántos cuartos son un medio?

Solución:

Observamos que dos de los cuartos de la banda amarilla cubren la mitad de la banda lila, la raya que divide en dos partes la banda lila, coincide exactamente con la segunda raya de la banda amarilla, entonces $\frac{2}{4} = \frac{1}{2}$.

Decimos que las fracciones $\frac{2}{4}$ y $\frac{1}{2}$ son equivalentes.

Nota que $\frac{2}{4}$ es otra manera de escribir $\frac{1}{2}$.

Con el uso de las bandas podemos encontrar fracciones equivalentes entre cuartos y octavos, cuartos y doceavos, quintos y décimos, sextos y doceavos, etcétera. Observa que para que sea posible encontrar fracciones equivalentes con el uso de las bandas, el número de partes en el que está dividida una de ellas debe ser múltiplo del de la otra.

Cuando encontramos fracciones equivalentes estamos escribiendo el mismo número de otra manera, por eso en ocasiones decimos que las fracciones son iguales.

Ejemplos

1. Elige las bandas de tercios y de sextos para verificar que $\dfrac{2}{3} = \dfrac{4}{6}$.

Solución:

Colocamos las bandas como se muestra y observamos: en efecto, cuatro pedazos de la banda rosa cubren dos de la banda naranja. La segunda raya de la banda naranja coincide exactamente con la cuarta raya de la banda rosa.

2. Elige las bandas adecuadas para verificar que $\dfrac{3}{4} = \dfrac{9}{12}$.

Solución:

Elegimos las bandas de cuartos y doceavos. Las colocamos como se muestra y observamos: en efecto, nueve pedazos de la banda verde claro cubren tres de la amarilla. La tercera raya de la banda amarilla coincide exactamente con la novena raya de la banda verde claro.

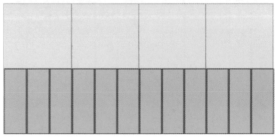

3. Encuentra una fracción equivalente a $\dfrac{3}{5}$.

Solución:

Elegimos las bandas de quintos y décimos. Las colocamos como se muestra y observamos.

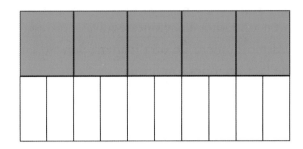

Notamos que tres pedazos de la banda verde cubren seis de la blanca. La tercera raya de la banda verde coincide exactamente con la sexta raya de la banda blanca.

Entonces $\frac{3}{5}$ es equivalente a $\frac{6}{10}$, es decir: $\frac{3}{5} = \frac{6}{10}$.

4. Encuentra dos fracciones equivalentes a $\frac{8}{12}$.

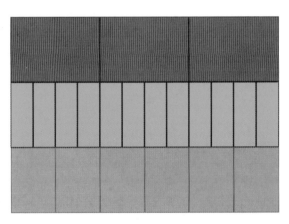

Solución:

Elegimos las bandas de tercios, sextos y doceavos. Las colocamos como se muestra y observamos: notamos que dos pedazos de la banda naranja cubren ocho de la banda verde claro. Igualmente, cuatro pedazos de la banda rosa cubren ocho de la banda verde claro.

Entonces $\frac{2}{3}$ es equivalente a $\frac{8}{12}$, es decir: $\frac{2}{3} = \frac{8}{12}$.

De la misma manera, $\frac{4}{6}$ es equivalente a $\frac{8}{12}$, es decir: $\frac{4}{6} = \frac{8}{12}$.

Concluimos que $\frac{2}{3}$ y $\frac{4}{6}$ son equivalentes a $\frac{8}{12}$, es decir: $\frac{2}{3} = \frac{4}{6} = \frac{8}{12}$.

Nota: Usando la banda de novenos, podemos verificar que $\frac{6}{9}$ es otra fracción equivalente a $\frac{8}{12}$.

Ejercicios

1. Usa las bandas de medios y de sextos.

   ¿Cuántos sextos son un medio?

2. Usa las bandas de medios y de octavos.

   ¿Cuántos octavos son un medio?

3. Usa las bandas de medios y de décimos.

   ¿Cuántos décimos son un medio?

4. Usa las bandas de medios y de doceavos.

   ¿Cuántos doceavos son un medio?

5. Usa las bandas de tercios y de novenos.

   ¿Cuántos novenos son un tercio?

6. Usa las bandas adecuadas para saber cuántos sextos son un tercio.

7. Usa las bandas adecuadas para saber cuántos doceavos son un tercio.

8. Escribe 3 fracciones equivalentes a un tercio.

9. Escribe 2 fracciones equivalentes a dos octavos.

Actividades: Bandas en blanco • Identifica la fracción y encuentra una equivalente • Recorta, dobla e ilumina

Otras formas de ver fracciones equivalentes

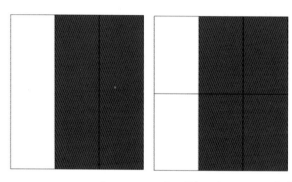

Observa la parte coloreada y escribe los nombres de las fracciones. ¿Son equivalentes?

Solución:

Observamos que las dos figuras son rectángulos del mismo tamaño. El primero está dividido en tercios mientras que el segundo está dividido en sextos.

La parte coloreada en el primero es $\frac{2}{3}$ y en el segundo es $\frac{4}{6}$. Como en ambos rectángulos la parte coloreada es la misma, entonces $\frac{2}{3} = \frac{4}{6}$.

Abordamos aquí una manera gráfica de comparar fracciones. Conocer el concepto desde distintos puntos de vista propicia una mayor comprensión del tema, da alternativas para la resolución de problemas, permite que el alumno utilice la que le resulte más sencilla y adquiera madurez.

Ejemplos

1. Observa la parte coloreada:

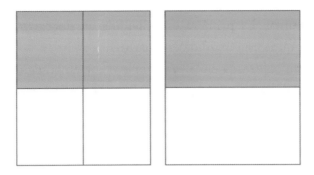

Escribe los nombres de las fracciones. ¿Son equivalentes?

Solución:

Observamos que las dos figuras son rectángulos del mismo tamaño. El primero está dividido en cuartos mientras que el segundo está dividido en medios.

La parte coloreada en el primero es $\frac{2}{4}$ y en el segundo es $\frac{1}{2}$. Como en ambos rectángulos la parte coloreada es la misma, entonces $\frac{2}{4} = \frac{1}{2}$.

2. Observa la parte coloreada:

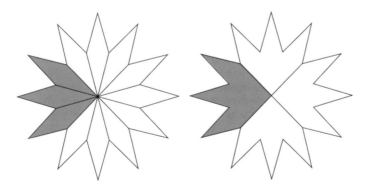

Escribe los nombres de las fracciones. ¿Son equivalentes?

Solución:

Observamos que las dos figuras son estrellas del mismo tamaño con 12 puntas. La primera está dividida en doceavos mientras que la segunda está dividida en cuartos.

La parte coloreada en la primera es $\frac{3}{12}$ y en la segunda es $\frac{1}{4}$. Como en ambas estrellas la parte coloreada es la misma, entonces $\frac{3}{12} = \frac{1}{4}$.

3. Observa la parte coloreada:

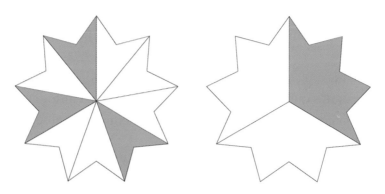

Escribe los nombres de las fracciones. ¿Son equivalentes?

Solución:

Observamos que las dos figuras son estrellas del mismo tamaño con 9 puntas. La primera está dividida en novenos y la segunda, en tercios.

La parte coloreada en la primera es $\frac{3}{9}$ y en la segunda es $\frac{1}{3}$. Como en ambas estrellas la parte coloreada es la misma, entonces $\frac{3}{9} = \frac{1}{3}$.

4. Localiza en la recta numérica las fracciones $\frac{2}{4}$ y $\frac{1}{2}$.

Solución:

Dividimos el segmento que va del 0 al 1 en 4 partes iguales, para lo cual trazamos las paralelas de color azul. Localizamos el punto correspondiente a $\frac{2}{4}$.

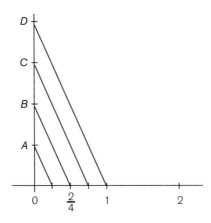

Ahora dividimos el segmento que va del 0 al 1 en 2 partes iguales. Para ello utilizamos sólo las dos primeras marcas de la recta perpendicular, es decir, consideramos A y B. Unimos B con el 1 y trazamos un segmento paralelo a $B1$ que pase por A, ambos de color rojo. Localizamos el punto correspondiente a $\frac{1}{2}$.

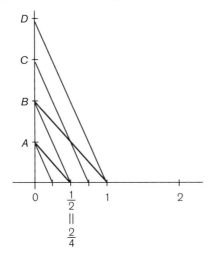

Observamos que el punto correspondiente a $\frac{1}{2}$ es el mismo que el que corresponde a $\frac{2}{4}$. Es decir, $\frac{1}{2} = \frac{2}{4}$.

5. Encontrar una fracción equivalente a $\frac{4}{8}$.

Solución:

Una manera de encontrar una fracción equivalente a $\frac{4}{8}$ es dividir el numerador y el denominador entre 4:

$$4 \div 4 = 1$$
$$8 \div 4 = 2,$$

de donde, $\qquad\qquad\qquad \frac{4}{8} = \frac{1}{2}.$

Representando las fracciones en la recta numérica vemos:

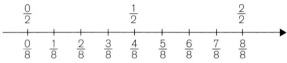

6. Encontrar una fracción equivalente a $\frac{9}{12}$.

Solución:

Como
$$\frac{9}{12} = \frac{3 \times 3}{3 \times 4}$$
$$= \frac{3}{3} \times \frac{3}{4}$$
$$= 1 \times \frac{3}{4}$$
$$= \frac{3}{4}.$$

Por tanto, $\qquad\qquad\qquad \frac{9}{12} = \frac{3}{4}.$

7. De los 12 meses del año, sólo 4 de ellos no tienen la letra *r* en su nombre. Representa lo anterior como una fracción y encuentra una fracción equivalente a ella que tenga un 1 en el numerador.

Solución:

Hay cuatro meses en el año que no tienen la letra *r:* mayo, junio, julio y agosto. Como el año tiene 12 meses, tenemos que

$\frac{4}{12}$ de los meses no tienen la letra *r.*

Como
$$\frac{4}{12} = \frac{4 \times 1}{4 \times 3}$$
$$= \frac{4}{4} \times \frac{1}{3}$$
$$= 1 \times \frac{1}{3}$$
$$= \frac{1}{3},$$

entonces $\frac{1}{3}$ de los meses no tienen la letra *r* en su nombre.

8. Encontrar una fracción equivalente a $\frac{1}{2}$.

Solución:

Multiplicamos el numerador y el denominador por 5.

$$1 \times 5 = 5$$
$$2 \times 5 = 10,$$

de donde
$$\frac{1}{2} = \frac{1 \times 5}{2 \times 5} = \frac{5}{10}$$

NOTA: Si multiplicamos el numerador y el denominador de una fracción por cualquier número distinto de cero, obtenemos una fracción equivalente.

Ejercicios

Multiplica para encontrar una fracción equivalente.

1. $\frac{2}{3} = \frac{}{9}$

2. $\frac{2}{5} = \frac{4}{}$

3. $\frac{1}{3} = \frac{3}{}$

4. $\frac{5}{10} = \frac{20}{}$

5. $\frac{1}{3} = \frac{}{6}$

6. $\frac{1}{2} = \frac{4}{}$

Divide para encontrar una fracción equivalente.

7. $\dfrac{3}{9} = \dfrac{}{3}$

8. $\dfrac{2}{4} = \dfrac{1}{}$

9. $\dfrac{3}{6} = \dfrac{}{2}$

10. $\dfrac{5}{10} = \dfrac{1}{}$

11. $\dfrac{2}{8} = \dfrac{}{4}$

12. $\dfrac{2}{6} = \dfrac{}{3}$

 Actividades: Unir figuras de fracciones equivalentes

¿Cómo saber si dos fracciones son equivalentes?

¿Son equivalentes las fracciones $\frac{3}{4}$ y $\frac{6}{8}$?

Solución:

Para saber si las fracciones son equivalentes, las comparamos calculando los productos cruzados: $\frac{3}{4} \times \frac{6}{8}$

entonces

$$3 \times 8 = 24$$
$$4 \times 6 = 24,$$

de donde

$$24 = 24.$$

Como obtuvimos el mismo resultado, las fracciones son equivalentes.

Veamos una justificación. Escribimos

$$\frac{3}{4} = \frac{3 \times 8}{4 \times 8} \qquad\qquad \frac{6}{8} = \frac{6 \times 4}{8 \times 4}$$
$$= \frac{24}{32} \qquad y \qquad = \frac{24}{32}$$

De donde $\frac{3}{4} = \frac{24}{32} = \frac{6}{8}$.

Usar los productos cruzados para determinar si dos fracciones son equivalentes es quizá la manera más sencilla. Sin embargo, no es recomendable usar este método si no se ha entendido el concepto de comparación, pues si bien puede encontrarse la respuesta correcta, es probable que no se entienda lo que se está haciendo. Por esta razón lo hemos expuesto como la última forma.

Ejemplos

1. ¿Son equivalentes las fracciones $\frac{9}{5}$ y $\frac{36}{15}$?

Solución:

Calculamos los productos cruzados: $\frac{9}{5}\diagdown\frac{36}{15}$

entonces $\quad 9 \times 15 = 135$

$\quad\quad\quad\quad 5 \times 36 = 180,$

de donde $\quad\quad 135 \neq 180.$

Como obtuvimos resultados distintos, las fracciones no son equivalentes.

2. ¿Son equivalentes las fracciones $\frac{2}{7}$ y $\frac{14}{49}$?

Solución:

Calculamos los productos cruzados: $\frac{2}{7}\diagdown\frac{14}{49}$

entonces $\quad 2 \times 49 = 98$

$\quad\quad\quad\quad 7 \times 14 = 98,$

de donde $\quad\quad 98 = 98.$

Como obtuvimos el mismo resultado, las fracciones son equivalentes.

Ejercicios

Determina si las siguientes fracciones son o no equivalentes.

1. $\frac{7}{3}$ y $\frac{21}{9}$

4. $\frac{10}{18}$ y $\frac{25}{45}$

7. $\frac{9}{54}$ y $\frac{2}{12}$

2. $\frac{4}{11}$ y $\frac{8}{33}$

5. $\frac{6}{15}$ y $\frac{4}{10}$

8. $\frac{5}{14}$ y $\frac{4}{13}$

3. $\frac{6}{14}$ y $\frac{21}{27}$

6. $\frac{2}{17}$ y $\frac{12}{68}$

Problemas

1. Pelusa, la perra de José, tuvo 6 cachorros, 4 de ellos son grises. Escribe dos fracciones que representen esta cantidad.

2. ¿Qué fracción de los meses del año no tienen *o* en su nombre? Escribe dos fracciones que representen esta cantidad.

3. Los ocho planetas del sistema solar son: Mercurio, Venus, Tierra, Marte, Júpiter, Saturno, Urano y Neptuno. ¿Qué fracción de los planetas tienen *r* en su nombre? Escribe dos fracciones que representen esta cantidad.

4. De los 10 dedos de las manos, 2 tienen solamente dos huesos. Escribe dos fracciones que representen esta cantidad.

5. Alrededor de 3 de cada 4 animales en el planeta son insectos. Escribe dos fracciones que representen esta cantidad.

6. Pepe y María vendieron fruta durante el recreo. Pepe vendió $\frac{2}{3}$ de su mercancía mientras María vendió $\frac{4}{6}$. Si ambos llevaban la misma cantidad, ¿quién de los dos vendió más?

7. $\frac{1}{4}$ de los meses del año tienen *n* en su nombre. Escribe la fracción que representa el número de meses que tienen *t* en su nombre. ¿Las fracciones son equivalentes?

8. El lince puede vivir hasta $\frac{97}{3}$ años, mientras que un búfalo africano puede vivir hasta $\frac{59}{2}$ años. ¿Las fracciones son equivalentes?

9. El perro de Lucrecia pesa $\frac{52}{25}$ kilogramos y el gato de Nicolás pesa $\frac{156}{75}$ kilogramos. ¿Las fracciones son equivalentes?

10. Miguel y Rafael son trabajadores de la construcción y tienen 12 varillas. Ambos discuten sobre el número de varillas que están dobladas. Miguel dice: $\frac{8}{12}$ de las varillas están dobladas, y Rafael replica: No, $\frac{2}{3}$ de las varillas están dobladas. Suponiendo que alguno de ellos tiene razón, ¿puedes saber quién de los dos está equivocado?

Actividades: Dos caminos • Colorea • Dominó de fracciones equivalentes

Fracciones en su mínima expresión

Juan fue a la tlapalería y pidió una docena de tornillos de $\frac{6}{8}$ de pulgada. El dependiente le dio una bolsita de tornillos que tenía una etiqueta que decía $\frac{3}{4}$. ¿Le dieron a Juan los tornillos que necesitaba?

Solución:

Para saber si los tornillos fueron los solicitados, escribimos:

$$\frac{6}{8} = \frac{2 \times 3}{2 \times 4}$$

$$= \frac{2}{2} \times \frac{3}{4}$$

$$= 1 \times \frac{3}{4}$$

$$= \frac{3}{4},$$

de donde

$$\frac{6}{8} = \frac{3}{4}.$$

Los tornillos eran los correctos.

Cuando ya no podemos simplificar más una fracción, decimos que la fracción está en su *mínima expresión*.

En ocasiones no damos importancia a la simplificación de fracciones, no obstante es un tema crucial, pues de manera natural establece las bases para el buen manejo del álgebra. A partir de este momento pondremos énfasis en el uso de la mínima expresión de una fracción. Por otro lado, el uso de las fracciones en su mínima expresión facilita los cálculos y reduce los errores, al trabajar con números más pequeños.

Ejemplos

1. Reduce $\dfrac{25}{30}$ a su mínima expresión.

Solución:

Como

$$\frac{25}{30} = \frac{5 \times 5}{5 \times 6}$$

$$= \frac{5}{5} \times \frac{5}{6}$$

$$= 1 \times \frac{5}{6}$$

$$= \frac{5}{6},$$

entonces

$$\frac{25}{30} = \frac{5}{6}.$$

La mínima expresión de $\dfrac{25}{30}$ es $\dfrac{5}{6}$.

2. Reduce $\dfrac{21}{77}$ a su mínima expresión.

Solución:

Como

$$\frac{21}{77} = \frac{7 \times 3}{7 \times 11}$$

$$= \frac{7}{7} \times \frac{3}{11}$$

$$= 1 \times \frac{3}{11}$$

$$= \frac{3}{11},$$

entonces

$$\frac{21}{77} = \frac{3}{11}.$$

La mínima expresión de $\dfrac{21}{77}$ es $\dfrac{3}{11}$.

3. Reduce $\dfrac{35}{42}$ a su mínima expresión.

Solución:

Como
$$\frac{35}{42} = \frac{5 \times 7}{6 \times 7}$$
$$= \frac{5}{6} \times \frac{7}{7}$$
$$= \frac{5}{6} \times 1$$
$$= \frac{5}{6},$$

entonces
$$\frac{35}{42} = \frac{5}{6}.$$

La mínima expresión de $\frac{35}{42}$ es $\frac{5}{6}$.

4. Reduce $\frac{42}{18}$ a su mínima expresión.

Solución:

Como
$$\frac{42}{18} = \frac{2 \times 21}{2 \times 9}$$
$$= \frac{2}{2} \times \frac{21}{9}$$
$$= 1 \times \frac{21}{9}$$
$$= \frac{21}{9},$$

entonces
$$\frac{42}{18} = \frac{21}{9}.$$

Pero:
$$\frac{21}{9} = \frac{3 \times 7}{3 \times 3}$$
$$= \frac{3}{3} \times \frac{7}{3}$$
$$= 1 \times \frac{7}{3}$$
$$= \frac{7}{3},$$

es decir:
$$\frac{21}{9} = \frac{7}{3}.$$

Así, la mínima expresión de $\frac{42}{18}$ es $\frac{7}{3}$.

5. Reduce $\dfrac{126}{56}$ a su mínima expresión.

Solución:

Como
$$\dfrac{126}{56} = \dfrac{2 \times 7 \times 9}{7 \times 2 \times 4}$$
$$= \dfrac{2}{2} \times \dfrac{7}{7} \times \dfrac{9}{4}$$
$$= 1 \times 1 \times \dfrac{9}{4}$$
$$= \dfrac{9}{4},$$

entonces
$$\dfrac{126}{56} = \dfrac{9}{4}.$$

La mínima expresión de $\dfrac{126}{56}$ es $\dfrac{9}{4}$.

Ejercicios

Escribe las siguientes fracciones en su mínima expresión.

1. $\dfrac{25}{15}$ 4. $\dfrac{36}{48}$

2. $\dfrac{45}{27}$ 5. $\dfrac{30}{42}$

3. $\dfrac{39}{21}$

Problemas

1. Ayer por la tarde tuve 60 minutos para descansar, de ellos dormí 45 minutos. Escribe en su mínima expresión la fracción de hora que dormí.

2. Una orca puede permanecer sumergida 15 minutos. Escribe en su mínima expresión la fracción de hora que la orca puede permanecer bajo la superficie.

3. Existen aproximadamente 48 familias de ranas de un total de 5000 especies. Las ranas se caracterizan por carecer de cola. Escribe la fracción correspondiente y redúcela a su mínima expresión.

4. Un quilate es la 24ª parte de la masa total de una aleación que compone el metal precioso.

a) Escribe en su mínima expresión la fracción de oro que contiene una pieza de 18 quilates.

b) ¿Qué fracción de oro contiene una pieza de 14 quilates?

5. En un huerto con 50 perales, 15 ya tienen fruto. ¿Qué fracción de los árboles tienen fruto? Escribe la fracción en su mínima expresión.

6. El cuaderno de ciencias naturales de María tiene 100 hojas y ha usado 20, ¿qué fracción de las hojas no ha usado? Escribe la fracción en su mínima expresión.

7. Los músculos de la cara son 18:

a) De ellos hay 2 alrededor de los párpados, ¿qué fracción de los músculos de la cara están alrededor de los párpados? Escribe la fracción en su mínima expresión.

b) De ellos 4 están en la nariz, ¿qué fracción de los músculos están alrededor de la nariz? Escribe la fracción en su mínima expresión.

c) El resto se localiza alrededor de la boca y los labios, ¿qué fracción de los músculos de la cara están alrededor de la boca y los labios? Escribe la fracción en su mínima expresión.

8. El elefante africano come alrededor de 200 kilogramos de hierba en $\frac{16}{24}$ días. Escribe la fracción en su mínima expresión.

9. En un grupo de ballet hay 42 niñas y 4 niños. Expresa las fracciones que representan los números de niñas y niños que hay en el grupo. Escribe las fracciones en su mínima expresión.

10. El cuerpo humano tiene 12 pares de costillas, de los cuales 2 son flotantes. Escribe en su mínima expresión la fracción que corresponde al número de pares de costillas flotantes.

 Actividades: Piñatas • Rápido y rico

Números mixtos

En la figura hay 3 estrellas. Cada una está divida en 5 partes iguales.

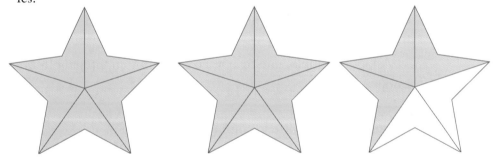

El número total de partes coloreadas es 13, es decir, hay $\dfrac{13}{5}$ partes coloreadas.

Hay 2 estrellas completas coloreadas. En la tercera estrella hay $\dfrac{3}{5}$ partes coloreadas. Esto lo escribimos como

$$2 + \frac{3}{5} = 2\tfrac{3}{5}.$$

A esta expresión la llamamos *número mixto* y se lee dos enteros tres quintos.

Entonces $\qquad\qquad 2\tfrac{3}{5} = \dfrac{13}{5}.$

Observamos que $2\tfrac{3}{5}$ y $\dfrac{13}{5}$ son dos representaciones del mismo número. Es decir, es el mismo número escrito de dos maneras distintas.

Cuando en una fracción el numerador es mayor que el denominador, podemos encontrar el número mixto que corresponde a dicha fracción.

Un número mixto está formado por un número entero y una fracción en la que el numerador es menor que el denominador.

Aquí introducimos solamente la noción de número mixto utilizando una representación gráfica, más adelante veremos que es posible pasar de un número mixto a una fracción y viceversa.

Representar una fracción como un número mixto nos permite hallar dos números enteros consecutivos entre los cuales se encuentra. Esto nos permite, entre otras cosas, saber qué tan pequeño o grande es el número, y localizarlo de manera más sencilla en la recta numérica.

Así, por ejemplo, puesto que como vimos en el ejemplo introductorio

$$\frac{13}{5} = 2\frac{3}{5}$$

entonces $\frac{13}{5}$ está entre los números enteros 2 y 3.

Es importante insistir en que si escribimos la fracción como número mixto estamos escribiendo el mismo número de dos formas distintas.

Ejemplos

Escribe el número mixto y la fracción que corresponde a cada ilustración.

1.

Solución:

Vemos 2 figuras, cada una dividida en 8 partes iguales. El número total de partes coloreadas es 15, es decir, hay $\frac{15}{8}$ partes coloreadas.

Hay una figura completa coloreada. En la primera figura hay $\frac{7}{8}$ partes coloreadas. Esto lo escribimos como $1\frac{7}{8}$.

Por tanto, $\frac{15}{8} = 1\frac{7}{8}$,

es decir, quince octavos es igual a un entero siete octavos.

$\frac{15}{8}$ y $1\frac{7}{8}$ son dos maneras de representar al mismo número.

2.

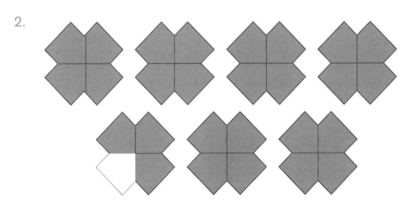

Solución:

Vemos 7 figuras, cada una dividida en 4 partes iguales. El número total de partes coloreadas es 27, es decir, hay $\frac{27}{4}$ partes coloreadas.

Hay 6 figuras completas coloreadas. En la quinta figura hay $\frac{3}{4}$ partes coloreadas. Esto lo escribimos como $6\frac{3}{4}$.

Por tanto, $\frac{27}{4} = 6\frac{3}{4}$,

es decir, veintisiete cuartos es igual a seis enteros tres cuartos.

$\frac{27}{4}$ y $6\frac{3}{4}$ son dos maneras de representar al mismo número.

Observamos que $\frac{27}{4}$ está entre los enteros 6 y 7 es decir,

$$6 < \frac{27}{4} < 7$$

3.

Solución:

Vemos 5 figuras, cada una dividida en 2 partes iguales. El número total de partes coloreadas es 9, es decir, hay $\frac{9}{2}$ partes coloreadas.

Hay 4 figuras completas coloreadas. En la tercera figura hay $\frac{1}{2}$ parte coloreada. Esto lo escribimos como $4\frac{1}{2}$.

Por tanto, $\frac{9}{2} = 4\frac{1}{2}$,

es decir, nueve medios es igual a cuatro enteros un medio.

$\frac{9}{2}$ y $4\frac{1}{2}$ son dos maneras de representar el mismo número.

Observamos que $\frac{9}{2} > 4$.

4.

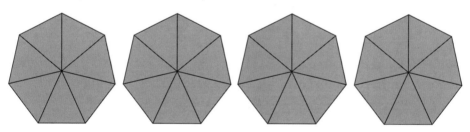

Solución:

Vemos 4 figuras, cada una dividida en 7 partes iguales. El número total de partes coloreadas es 28, es decir, hay $\frac{28}{7}$ partes coloreadas.

Hay 4 figuras completas coloreadas.

Por tanto,

$$\frac{28}{7} = 4,$$

es decir, veintiocho séptimos es igual a cuatro enteros.

$\dfrac{28}{7}$ y 4 son dos maneras de representar el mismo número.

Ejercicios

Escribe el número mixto y la fracción que corresponde a cada ilustración.

1.

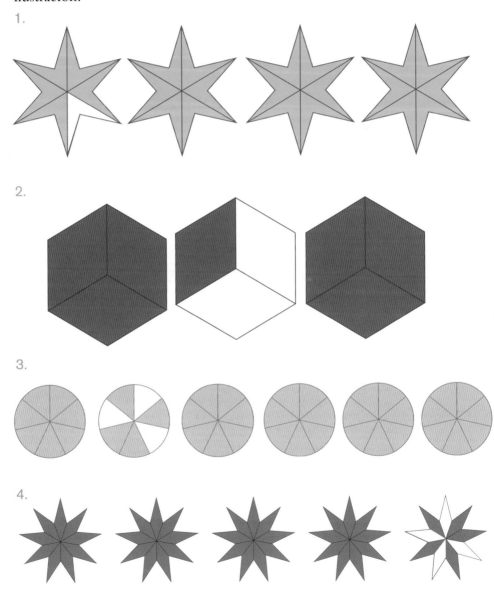

2.

3.

4.

5.

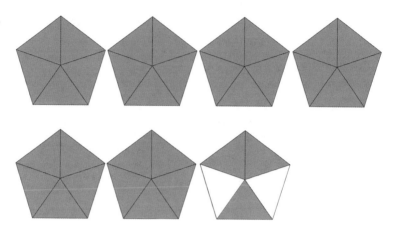

6.

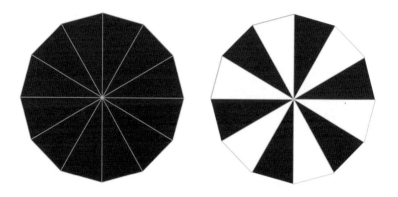

 Actividades: Memoria triple de números mixtos

Fracciones impropias

Un elefante africano tiene un periodo de gestación de 22 meses. Escribe una fracción que represente, en años, el periodo de gestación.

Solución:

Puesto que cada año tiene 12 meses entonces el periodo de gestación del elefante es: $\frac{22}{12}$ años. Simplificando tenemos:

$$\frac{22}{12} = \frac{2 \times 11}{2 \times 6}$$
$$= \frac{2}{2} \times \frac{11}{6}$$
$$= 1 \times \frac{11}{6}$$
$$= \frac{11}{6}.$$

El periodo de gestación del elefante es $\frac{11}{6}$ años.

Observamos que en esta fracción el numerador es mayor que
el denominador.

A las fracciones en las que el numerador es mayor o igual que
el denominador, las llamamos *fracciones impropias*. Cuando el numerador es menor que el denominador, decimos que la fracción
es *propia*.

Como mencionamos en la sección anterior, las fracciones impropias pueden escribirse como números mixtos.

Ejemplos

Decir si las siguientes fracciones son impropias o no.

1. $\dfrac{12}{7}$.

Solución:

El numerador 12 es mayor que el denominador 7, la fracción es impropia.

2. $\dfrac{5}{23}$.

Solución:

$5 < 23$, la fracción es propia.

Observa que las fracciones impropias siempre son mayores que 1.

Ejercicios

1. En un año la Luna hace 13 recorridos alrededor de la Tierra, estos recorridos se conocen como lunaciones. Escribe una fracción para determinar la duración de una lunación en meses. ¿La fracción que obtuviste es propia o impropia?

2. La Luna tiene 4 fases de igual duración: novilunio o luna nueva, cuarto creciente, plenilunio o luna llena y cuarto menguante. Si consideramos que el mes lunar tiene 28 días, escribe una fracción que represente la duración de una fase de la Luna en días. ¿La fracción que obtuviste es propia o impropia?

3. Urano tarda 84 años en dar la vuelta al Sol. Escribe una fracción que represente en siglos la traslación de Urano. ¿Obtuviste una fracción propia o impropia?

4. Neptuno tarda aproximadamente 165 años en dar la vuelta al Sol. Escribe una fracción que represente en siglos la traslación de Neptuno. ¿La fracción que obtuviste es propia o impropia?

5. Una de las joyas de la literatura francesa es la obra de Julio Verne llamada *La vuelta al mundo en 80 días*. Escribe una fracción que represente en meses la duración del viaje. ¿La fracción que obtuviste es propia o impropia?

6. Una mariposa monarca puede vivir 13 meses. Escribe la fracción que indica el tiempo que puede vivir, en años. ¿La fracción es propia o impropia?

7. Un pingüino emperador macho puede pasar hasta 134 días sin comer. Durante ese periodo, sale del mar, llega a la colonia de pingüinos, escoge a la hembra, incuba el huevo y vuelve al mar cuando deja al polluelo con su mamá. Escribe la fracción correspondiente en años. ¿La fracción es propia o impropia?

8. De cada 100 gramos de nuestro peso, aproximadamente 16 corresponden a la piel. Escribe una fracción que represente esta cantidad. ¿La fracción que obtuviste es propia o impropia?

9. De los 206 huesos que forman el esqueleto humano, 58 se encuentran en las piernas. Escribe una fracción que represente esta cantidad. ¿La fracción que obtuviste es propia o impropia?

10. Hay aproximadamente 330 especies de colibríes, de ellas 54 viven en Costa Rica. Escribe una fracción que represente esta cantidad. ¿La fracción que obtuviste es propia o impropia?

Actividades: Fracciones impropias

De fracción impropia a número mixto

La hiena rayada, que habita principalmente en África, tiene un periodo de gestación de 84 días. Considerando meses de 30 días, ¿cuál es la fracción que expresa en meses el periodo de gestación? ¿Cuál es el número mixto que representa dicha fracción?

Solución:

La fracción que representa el periodo de gestación de la hiena es $\frac{84}{30}$.

Simplificamos la fracción:

$$\frac{84}{30} = \frac{2 \times 3 \times 14}{2 \times 3 \times 5}$$

$$= \frac{14}{5}.$$

Efectuando la división tenemos

$$5 \overline{)14} {}^{2}$$

$$4$$

Entonces el resultado de la división es 2, el residuo es 4 y el divisor es 5, por lo que escribimos

$$2\tfrac{4}{5}.$$

Así, la fracción impropia que expresa en meses el periodo de gestación de la hiena es $\frac{14}{5}$

que escrito como número mixto es $2\frac{4}{5}$.

Por tanto, $\dfrac{14}{5} = 2\frac{4}{5}$,

es decir, catorce quintos es igual a dos enteros cuatro quintos.

El periodo de gestación de la hiena es de $2\frac{4}{5}$ meses.

Para escribir una fracción impropia como número mixto, efectuamos la división. El resultado de la división es la parte entera del número mixto mientras que el residuo entre el divisor es la fracción propia. El profesor debe aprovechar este momento para reafirmar lo aprendido respecto a las divisiones con residuo.

Ejemplos

Escribe cada fracción impropia como número mixto.

1. $\dfrac{23}{8}$.

Solución:

Efectuando la división tenemos

$$8\overline{)23}^{\,2}$$
$$7$$

Entonces el resultado de la división es 2, el residuo es 7 y el divisor es 8, por lo que escribimos

$$2\frac{7}{8}$$

Por tanto, $\dfrac{23}{8} = 2\frac{7}{8}$.

2. $\dfrac{59}{7}$.

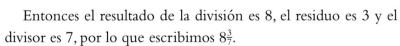

Solución:

Efectuando la división tenemos $7\overline{)59}^{\,8}$
$$3$$

Entonces el resultado de la división es 8, el residuo es 3 y el divisor es 7, por lo que escribimos $8\frac{3}{7}$.

Por tanto, $\dfrac{59}{7} = 8\frac{3}{7}$.

3. $\dfrac{96}{6}$.

Solución:

Efectuando la división tenemos $6\overline{\smash{\big)}96}$ con cociente 16

$$36$$
$$0$$

Entonces el resultado de la división es 16, el residuo es 0 y el divisor es 6. En este caso escribimos

16.

Por tanto, $\dfrac{96}{6} = 16$.

NOTA: Como $16\frac{0}{6} = 16 + \dfrac{0}{6}$ y $\dfrac{0}{6} = 0$, entonces $16\frac{0}{6} = 16$.

Ejercicios

Escribe cada fracción impropia como número mixto.

1. $\dfrac{16}{3}$

2. $\dfrac{21}{2}$

3. $\dfrac{13}{7}$

4. $\dfrac{42}{5}$

5. $\dfrac{152}{8}$

6. $\dfrac{75}{4}$

7. $\dfrac{131}{6}$

8. $\dfrac{108}{9}$

Problemas

1. Un ciempiés puede recorrer $\dfrac{9}{5}$ kilómetros en una hora. Escribe el número mixto que representa esta fracción.

2. La ballena azul puede nadar $\dfrac{73}{2}$ kilómetros en una hora. Escribe el número mixto que representa la fracción.

3. Escribe la fracción que representa un siglo en lustros. Escribe el número mixto que representa la fracción.

4. Para preparar un pastel se necesitan $\dfrac{9}{4}$ tazas de harina. Escribe la fracción como número mixto.

5. Un elefante africano tiene un periodo de gestación de 22 meses. ¿Cuál es el periodo de gestación en años? ¿Cuál es el número mixto que representa dicha fracción?

6. Una jirafa tiene un periodo de gestación de 15 meses. ¿Cuál es el periodo de gestación en años? ¿Cuál es el número mixto que representa dicha fracción?

7. La Revolución Francesa fue en 1789. Su lema fue: "libertad, igualdad y fraternidad". Escribe la fracción y el número mixto que representan la fecha de la Revolución Francesa expresada en siglos.

8. Un zorrillo tiene un periodo de gestación de 55 días. Si consideramos meses de 30 días, ¿cuál es el periodo de gestación en meses? ¿Cuál es el número mixto que representa dicha fracción?

9. En el sistema inglés de medidas, una yarda son 36 pulgadas y un pie son 12 pulgadas. Escribe la fracción y el número mixto que representan una yarda en pies.

10. En la Conferencia Hidrográfica Extraordinaria Internacional de Mónaco en 1929 se determinó que una milla náutica es equivalente a 1852 metros. Si un barco ha recorrido 1215 kilómetros, escribe el número mixto que representa las millas náuticas que ha recorrido.

 Actividades: Lotería de números mixtos

Número mixtos en la recta numérica

Localizar el número $2\frac{1}{3}$ en la recta numérica.

Solución:

Observamos que $2\frac{1}{3} > 2$

por lo que $2\frac{1}{3}$ se encuentra a la derecha del 2.

Localizamos en una recta numérica el 2 y el 3.

Dividimos el segmento que une el 2 con el 3 en tres partes iguales

y después, a partir del 2, nos movemos hacia la derecha y tomamos una de estas partes. El extremo derecho es el correspondiente a $2\frac{1}{3}$.

Una manera de localizar números mixtos en la recta numérica es encontrar primero la parte entera de éste, y el entero que le sigue. Después dividir el segmento comprendido entre estos dos números enteros en tantas partes iguales como indique el denominador de la fracción. Nos movemos hacia la derecha a partir de la parte entera del número mixto tantas partes como indique el numerador de la fracción. El extremo derecho es el correspondiente al número buscado.

Ejemplos

1. Localizar el número $3\frac{4}{5}$ en la recta numérica.

Solución:

Observamos que $3\frac{4}{5} > 3$

por lo que $3\frac{4}{5}$ se encuentra a la derecha del 3.

Localizamos en una recta numérica el 3 y el 4. Dividimos el segmento que une el 3 con el 4 en cinco partes iguales y después, a partir del 3, nos movemos hacia la derecha y tomamos cuatro de estas partes. El extremo derecho es el correspondiente a $3\frac{4}{5}$.

$$\begin{array}{ccc} & & \\ 3 & \quad 3\frac{4}{5}\ 4 \end{array}$$

2. Localizar el número $1\frac{3}{4}$ en la recta numérica.

Solución:

Observamos que $1\frac{3}{4} > 1$

por lo que $1\frac{3}{4}$ se encuentra a la derecha del 1.

Localizamos en una recta numérica el 1 y el 2. Dividimos el segmento que une el 1 con el 2 en cuatro partes iguales y después, a partir del 1, nos movemos hacia la derecha y tomamos tres de estas partes. El extremo derecho es el correspondiente a $1\frac{3}{4}$.

$$\begin{array}{ccc} & & \\ 1 & \quad 1\frac{3}{4}\ 2 \end{array}$$

Otra manera de localizar números mixtos en la recta numérica

Localizar el número $4\frac{2}{5}$ en la recta numérica.

Solución:

Escribimos el número mixto $4\frac{2}{5}$ como fracción impropia

$$4\frac{2}{5} = 4 + \frac{2}{5}$$
$$= \frac{20 + 2}{5}$$
$$= \frac{22}{5}.$$

Localizamos en una recta numérica el 0 y el 1. Dividimos el segmento que une el 0 con el 1 en cinco partes iguales y después, a partir del 0, nos movemos hacia la derecha y tomamos 22 de estas partes. El extremo derecho es el correspondiente a $\frac{22}{5} = 4\frac{2}{5}$.

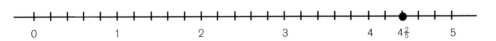

Ejemplos

1. Localizar el número $1\frac{5}{6}$ en la recta numérica.

Solución:

Escribimos el número mixto $1\frac{5}{6}$ como fracción impropia

$$1\frac{5}{6} = 1 + \frac{5}{6}$$
$$= \frac{6 + 5}{6}$$
$$= \frac{11}{6}.$$

Localizamos en una recta numérica el 0 y el 1. Dividimos el segmento que une el 0 con el 1 en seis partes iguales y después, a partir del 0, nos movemos hacia la derecha y tomamos 11 de estas partes. El extremo derecho es el correspondiente a $\dfrac{11}{6} = 1\frac{5}{6}$.

2. Localizar el número $2\frac{4}{7}$ en la recta numérica.

Solución:

Escribimos el número mixto $2\frac{4}{7}$ como fracción impropia

$$2\tfrac{4}{7} = 2 + \frac{4}{7}$$
$$= \frac{14+4}{7}$$
$$= \frac{18}{7}.$$

Localizamos en una recta numérica el 0 y el 1. Dividimos el segmento que une el 0 con el 1 en siete partes iguales y después a partir del 0, nos movemos hacia la derecha y tomamos 18 de estas partes. El extremo derecho es el correspondiente a $\dfrac{18}{7} = 2\frac{4}{7}$.

Ejercicios

Localiza en la recta numérica los siguientes números mixtos.

1. $1\frac{2}{3}$

6. $7\frac{3}{8}$

2. $5\frac{1}{2}$

7. $4\frac{6}{7}$

3. $3\frac{5}{6}$

8. $9\frac{1}{10}$

4. $2\frac{2}{5}$

9. $6\frac{2}{5}$

5. $8\frac{3}{7}$

10. $8\frac{1}{6}$

En cada caso escribe la fracción que corresponde al punto que aparece en la recta numérica.

11.
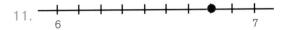

12.

13.

14.
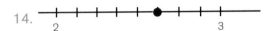

 Actividades: Los animales en la recta

Fracciones y decimales

Pinto, el perro de Cristóbal, mide siete décimos de metro. Escribe la medida de Pinto como una fracción. Escribe el número decimal que representa a la fracción.

La fracción es:

$$\frac{7}{10} \text{ siete décimos.}$$

Recuerda que cuando se divide la unidad en 10 partes iguales, cada una se llama décimo.

Si efectuamos la división

$$\begin{array}{r} 0.7 \\ 10\overline{\smash{\big)}\,7} \\ 70 \\ 0 \end{array}$$

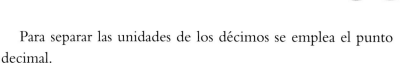

es decir,

$$\frac{7}{10} = 0.7.$$

Pinto mide 0.7 metros.

Para separar las unidades de los décimos se emplea el punto decimal.

Otra manera de representar las fracciones es la expresión decimal que se obtiene efectuando una división. En ocasiones la expresión decimal es finita, esto sucede cuando en algún momento el residuo es cero. En otras el residuo nunca es cero, obteniéndose una expresión infinita pero de manera que cierto número de decimales se repiten consecutivamente.

Ejemplos

1. El hocico de Pinto mide 12 centímetros. Escribe la fracción y el número decimal correspondientes que representan la medida en metros.

Solución:

12 centímetros son 12 centésimos de metro.

Cuando se divide la unidad en 100 partes iguales, cada una se llama un centésimo. 12 centésimos se escribe como $\frac{12}{100}$.

Efectuando la división tenemos

$$
\begin{array}{r}
0.12 \\
100\overline{)\ 12} \\
120 \\
200 \\
0
\end{array}
$$

de donde

$$\frac{12}{100} = 0.12 \text{ doce centésimos.}$$

unidades	décimos	centésimos
0	1	2

El hocico de Pinto mide 0.12 metros.

2. El colmillo de Pinto mide 15 milésimos de metro. Escribe la fracción y el número decimal correspondientes.

Solución:

Cuando se divide la unidad en 1000 partes iguales, cada una se llama un milésimo. 15 milésimos se escribe como $\dfrac{15}{1000}.$

Efectuando la división tenemos

$$\begin{array}{r} 0.015 \\ 1000\overline{)15} \\ 150 \\ 1500 \\ 5000 \\ 0 \end{array}$$

de donde

$$\frac{15}{1000} = 0.015 \text{ quince milésimos.}$$

unidades	décimos	centésimos	milésimos
0	0	1	5

El colmillo de Pinto mide 0.015 metros.

3. La pata de Pinto mide 3 décimos de metro. Escribe la fracción y el número decimal correspondientes.

Solución:

Efectuando la división obtenemos:

$$\frac{3}{10} = 0.3.$$

unidades	décimos	centésimos	milésimos
0	3	0	0

$$0.3 = 0.30 = 0.300$$

3 décimos = 30 centésimos = 300 milésimos

$$\frac{3}{10} = \frac{30}{100} = \frac{300}{1000}.$$

La pata de Pinto mide 0.3 metros.

4. Escribe $\dfrac{15}{4}$ como número decimal.

Solución:

Efectuamos la división

$$
\begin{array}{r}
3.75 \\
4\,\overline{)\,15} \\
30 \\
20 \\
0
\end{array}
$$

así,

$$\frac{15}{4} = 3.75.$$

NOTAS:

❖ Podemos utilizar la igualdad que acabamos de obtener para encontrar el número mixto

$$
\begin{aligned}
\frac{15}{4} &= 3.75 \\
&= 3 + 0.75 \\
&= 3 + \frac{75}{100} \\
&= 3 + \frac{3}{4} \\
&= 3\tfrac{3}{4}.
\end{aligned}
$$

❖ Otra manera de encontrar la expresión decimal es mediante fracciones equivalentes

$$
\begin{aligned}
\frac{15}{4} &= \frac{15 \times 25}{4 \times 25} \\
&= \frac{375}{100} \\
&= 3.75
\end{aligned}
$$

5. Escribe $\dfrac{14}{3}$ como número decimal.

Solución:

Efectuamos la división

$$
\begin{array}{r}
4.666 \\
3\overline{)14} \\
20 \\
20 \\
20 \\
2
\end{array}
$$

En este caso notamos que la división no termina, se puede continuar tanto como se desee, pero en cualquier caso, todas las cifras siguientes serán 6. Lo anterior se denota colocando tres puntos suspensivos. Así:

$$\frac{14}{3} = 4.666...$$

NOTA: Otra notación que se usa cuando a partir del momento en que se repiten una o más cifras es:

$$\frac{14}{3} = 4.\overline{6}$$

es decir, se coloca una barra sobre las cifras que se repiten.

Ejercicios

Escribe las siguientes fracciones como número decimal.

1. $\dfrac{47}{10}$

2. $\dfrac{2}{100}$

3. $\dfrac{3539}{1000}$

4. $\dfrac{27}{100}$

5. $\dfrac{12}{1000}$

6. $\dfrac{146}{1000}$

7. $\dfrac{10}{10}$

8. $\dfrac{4}{9}$

9. $\dfrac{7}{20}$

10. $\dfrac{85}{4}$

11. $\dfrac{59}{6}$

Escribe como fracción cada número decimal.

12. 0.7

16. 0.23

13. 0.08

17. 0.125

14. 0.004

18. 0.5

15. 0.087

19. 0.902

¿Qué lugar ocupa el 4 en:

20. 0.045?

22. 9.054?

21. 4.098?

23. 0.432?

Expresa las siguientes cantidades como fracción y como número decimal.
1. Un cachorro midió al nacer 12 centésimos de metro.
2. Fido comió 75 centésimos de kilogramo de alimento.
3. En 1910, durante un experimento, una pulga común dio un salto de 330 milésimos de metro de longitud y un brinco de 197 milésimos de metro de altura.
4. Aproximadamente 7 de cada 10 animales son insectos.
5. La abeja obrera mide 12 milésimos de metro de longitud.
6. El zángano mide 16 milésimos de metro de longitud.
7. La abeja reina mide 18 milésimos de metro de longitud.
8. Las dimensiones oficiales de la portería en una cancha de futbol soccer son: largo 732 centésimos de metro y ancho 244 centésimos de metro.
9. En la prueba del lanzamiento de jabalina durante los Juegos

Olímpicos realizados en Beijing en 2008 el noruego Andreas Thorkildsne recibió la medalla de oro alcanzando una marca de 9057 centésimos de metro, mientras que en la categoría femenil la checa Barbora Spotákova hizo lo propio con una marca de 7132 centésimos de metro.

10. La jabalina para la categoría masculina mide entre 26 y 27 décimos de metro y pesa al menos 8 décimos de kilogramo. En la categoría femenina mide entre 22 y 23 décimos de metro y pesa al menos 6 décimos de kilogramo.

Actividades: Flores, estrellas y algo más.

Suma y resta de fracciones con el mismo denominador

En una terminal de autobuses, cada cuarto de hora sale un autobús. Un autobús salió a las 7:15, ¿cuántos autobuses salieron después de él hasta las 11:30?

Solución:

Pensamos en estos tiempos como en cuartos de hora:

7 horas tienen $7 \times 4 = 28$ cuartos de hora.

7:15 es

$$\frac{28}{4} + \frac{1}{4} = \frac{28+1}{4} = \frac{29}{4}$$

de hora.

11 horas tienen $11 \times 4 = 44$ cuartos de hora.

11:30 es

$$\frac{44}{4} + \frac{2}{4} = \frac{44+2}{4} = \frac{46}{4}$$

de hora.

Restando estas cantidades encontramos cuántos cuartos de hora han pasado entre las 7:15 y las 11:30.

$$\frac{46}{4} - \frac{29}{4} = \frac{46-29}{4} = \frac{17}{4}.$$

Como han pasado 17 cuartos de hora, entonces han salido 17 autobuses de la terminal.

Es conveniente marcar en la recta numérica divisiones cada $\frac{1}{4}$

de la unidad y continuar después del 1.

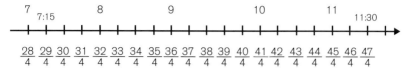

Para sumar o restar fracciones con el mismo denominador, sumamos o restamos los numeradores y formamos la fracción colocando como numerador la suma o resta obtenida y como denominador el que tienen las fracciones.

Se espera que estas operaciones no presenten dificultad para los niños, pues el problema se reduce a sumar o restar números enteros.

Ejemplos

1. Calcula $\dfrac{15}{9} + \dfrac{3}{9}$.

Solución:

$$\frac{15}{9} + \frac{3}{9} = \frac{15+3}{9} = \frac{18}{9} = 2.$$

2. Calcula $\dfrac{10}{7} - \dfrac{4}{7}$.

Solución:

$$\frac{10}{7} - \frac{4}{7} = \frac{10-4}{7} = \frac{6}{7}.$$

3. Encuentra la distancia entre los puntos $\dfrac{3}{4}$ y $\dfrac{9}{4}$.

Solución:

Para encontrar la distancia entre ellos, restamos el menor del mayor.

$$\frac{9}{4} - \frac{3}{4} = \frac{9-3}{4} = \frac{6}{4} = \frac{3}{2}.$$

La distancia entre $\frac{3}{4}$ y $\frac{9}{4}$ es $\frac{6}{4}$ o $\frac{3}{2}$.

Observa que entre $\frac{3}{4}$ y $\frac{9}{4}$ hay 6 segmentos de $\frac{1}{4}$ de longitud.

4. En uno de los platos de una balanza hay dos recipientes que contienen $\frac{1}{3}$ de litro de leche cada uno. En el otro plato hay un sólo recipiente y la balanza está equilibrida. ¿Qué cantidad de leche hay en el recipiente?

Solución:

Como la balanza está equilibrada debe haber la misma cantidad de leche en los dos platos. En el primer plato hay

$$\frac{1}{3} + \frac{1}{3} = \frac{2}{3}$$

de litro de leche.

Entonces el recipiente del otro plato tiene $\frac{2}{3}$ de litro de leche.

5. En uno de los platos de una balanza hay dos recipientes, uno contiene $\frac{2}{7}$ de litro de aceite y el otro $\frac{4}{7}$. En el otro plato hay un recipiente que contiene $\frac{5}{7}$ de litro de aceite. Si queremos equilibrar la balanza, debemos colocar otro recipiente en el plato donde hay sólo uno, ¿qué capacidad debe tener éste?

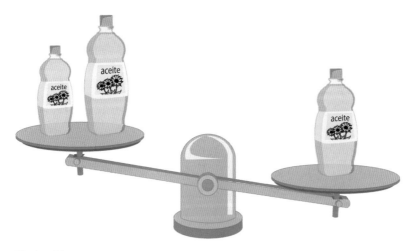

Solución:

En el plato donde hay dos recipientes hay

$$\frac{2}{7} + \frac{4}{7} = \frac{6}{7}$$

de litro de aceite.

Para saber cuánto le falta al otro plato para que la balanza se equilibre, calculamos

$$\frac{6}{7} - \frac{5}{7} = \frac{1}{7}.$$

Así, debemos colocar un recipiente con una capacidad de $\frac{1}{7}$ de litro.

Ejercicios

Utiliza la siguiente recta numérica y la del ejemplo 3

para determinar la distancia entre:

1. $\frac{2}{3}$ y $\frac{7}{3}$ 2. $\frac{8}{3}$ y $\frac{1}{3}$ 3. $\frac{2}{4}$ y $\frac{9}{4}$

Efectúa las siguientes operaciones:

4. $\frac{5}{6} + \frac{11}{6}$ 5. $\frac{16}{9} - \frac{5}{9}$

6. $\dfrac{13}{8} + \dfrac{11}{8}$

8. $\dfrac{61}{12} + \dfrac{19}{12}$

7. $\dfrac{2}{7} + \dfrac{4}{7}$

9. $\dfrac{76}{35} - \dfrac{31}{35}$

Problemas

1. Los músculos representan $\dfrac{2}{5}$ partes del peso total del cuerpo humano y la piel aproximadamente $\dfrac{1}{5}$. ¿Qué fracción del peso total representan los músculos y la piel juntos?

2. De los nombres de los meses del año, $\dfrac{2}{12}$ empiezan con la letra a, $\dfrac{2}{12}$ con la letra m y $\dfrac{2}{12}$ con la letra j. ¿Qué fracción de los nombres de los meses del año empiezan con una letra que no se repite?

3. Rubén utiliza $\dfrac{1}{24}$ del día para bañarse y arreglarse, $\dfrac{6}{24}$ permanece en la escuela, $\dfrac{8}{24}$ los usa para dormir y $\dfrac{2}{24}$ los destina a tomar sus alimentos. ¿Qué fracción del día le queda para hacer sus tareas y jugar?

4. Al final de la semana Luis entregó a su hijo mayor $\dfrac{5}{10}$ del dinero que llevaba, $\dfrac{3}{10}$ al segundo hijo y $\dfrac{1}{10}$ al tercero. ¿Qué fracción del dinero que tenía repartió entre sus hijos?

5. Un tren de transporte colectivo consta de 9 vagones. De ellos, los 3 primeros son exclusivos para mujeres y personas de la tercera edad. ¿Qué fracción de los vagones queda para el resto de los pasajeros?

6. El cuerpo y la cola de un mono araña mide $\dfrac{13}{20}$ y $\dfrac{12}{20}$ de metro respectivamente, ¿cuánto mide en total el mono?

7. Un avestruz mide al nacer $\dfrac{1}{4}$ de metro y alcanza una altura de $\dfrac{11}{4}$ de metro en la edad adulta. ¿Cuál es el aumento en la altura?

8. El escenario de un teatro está dividido en 9 zonas:

Arriba derecha	Arriba centro	Arriba izquierda
Centro derecha	Centro centro	Centro izquierda
Abajo derecha	Abajo centro	Abajo izquierda

Cada una de las zonas abarca $\frac{1}{9}$ del escenario. Si los actores están repartidos en las zonas arriba izquierda, centro centro y abajo derecha, ¿qué fracción del escenario ocupan?

9. En una mezcla para construcción $\frac{4}{17}$ son de cal, $\frac{12}{17}$ de arena y el resto de cemento. ¿Cuánto cemento hay en la mezcla?

10. Aproximadamente $\frac{7}{10}$ de los mexicanos viven en zonas urbanas. De cada 10 mexicanos, ¿cuántos viven en el campo? Escribe la fracción correspondiente.

 Actividades: Código • Cuadrado mágico

Escribiendo números mixtos como fracciones

Escribir $3\frac{2}{5}$ como una fracción.

Solución:

Representamos $3\frac{2}{5}$ como:

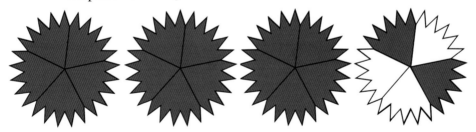

Observamos que hay 17 partes coloreadas. Puesto que cada estrella está dividida en 5 partes iguales, en total hay $\frac{17}{5}$ partes coloreadas, es decir,

$$3\frac{2}{5} = \frac{17}{5} \cdot$$

Aritméticamente, escribimos $3\frac{2}{5}$ como

$$3\frac{2}{5} = 3 + \frac{2}{5}$$

observamos que

$$3 = \frac{15}{5}$$

y ahora efectuamos la suma

$$3 + \frac{2}{5} = \frac{15}{5} + \frac{2}{5}$$
$$= \frac{15 + 2}{5}$$
$$= \frac{17}{5}.$$

Así

$$3\tfrac{2}{5} = \frac{17}{5}$$

Otra manera es:

Multiplicamos el número entero 3 por el denominador de la fracción: 5

$$3 \times 5 = 15,$$

al resultado le sumamos el numerador de la fracción, es decir, 2

$$15 + 2 = 17$$

y escribimos la fracción

$$\frac{17}{5}.$$

Por tanto,

$$3\tfrac{2}{5} = \frac{17}{5}$$

Ya habíamos visto que una fracción impropia es un número mixto, ahora tenemos el método para escribir un número mixto como fracción.

Para efectuar operaciones con números mixtos, escribiremos estos últimos como fracciones, por ello es importante que el alumno esté familiarizado con este proceso.

Ejemplos

1. Escribir $4\tfrac{1}{3}$ como fracción.

Solución:

Multiplicamos el número entero 4 por el denominador de la fracción: 3

$$4 \times 3 = 12,$$

al resultado le sumamos el numerador de la fracción, es decir, 1

$$12 + 1 = 13$$

y escribimos la fracción $\frac{13}{3}$.

Por tanto, $4\frac{1}{3} = \frac{13}{3}$

2. Escribir $6\frac{7}{8}$ como fracción.

Solución:

Multiplicamos el número entero 6 por el denominador de la fracción: 8

$$6 \times 8 = 48,$$

al resultado le sumamos el numerador de la fracción, es decir, 7

$$48 + 7 = 55$$

y escribimos la fracción

$$\frac{55}{8}.$$

Por tanto,

$$6\frac{7}{8} = \frac{55}{8}.$$

3. Escribir $15\frac{17}{21}$ como fracción.

Solución:

$$15\frac{17}{21} = \frac{(15 \times 21) + 17}{21}$$

$$= \frac{315 + 17}{21}$$

$$= \frac{332}{21}.$$

Por tanto,

$$15\frac{17}{21} = \frac{332}{21}.$$

4. Escribir 8 como una fracción cuyo denominador sea 17.

Solución:

$$8 = \frac{8 \times 17}{17}$$

$$= \frac{136}{17}$$

Por tanto,

$$8 = \frac{136}{17}.$$

Ejercicios

Escribe como fracción cada uno de los siguientes números mixtos.

1. $9\frac{2}{3}$

2. $5\frac{4}{7}$

3. $10\frac{5}{6}$

4. $8\frac{3}{5}$

5. $13\frac{7}{10}$

6. $25\frac{8}{9}$

Escribe cada número como una fracción de manera que tenga el denominador indicado.

7. 11 denominador 5.

8. 9 denominador 23.

9. 20 denominador 8.

Problemas

1. Leticia necesita $2\frac{1}{4}$ litros de leche para hacer un postre. ¿Cuántos cuartos de litro necesita?

2. Rubén quiere pintar la pared de la sala de su casa y necesita $5\frac{1}{2}$ litros de pintura. En la tlapalería sólo hay latas de $\frac{1}{2}$ litro de esa pintura, ¿cuántas latas tiene que comprar Rubén?

3. Una orca tiene un periodo de gestación de $1\frac{5}{12}$ años. ¿Cuántos meses dura el periodo de gestación de una orca?

4. Si en una receta hay que agregar $7\frac{1}{2}$ cucharaditas de polvo para hornear, pero solamente se tiene una medida de $\frac{1}{4}$ de cucharadita, ¿cuántas de ellas hay que agregar?

5. El periodo de incubación de un huevo de avestruz es de $1\frac{2}{5}$ meses. Considerando meses de 30 días, ¿cuántos días tarda la incubación de uno de ellos?

6. El periodo de gestación de un elefante asiático es de $1\frac{5}{6}$ años, ¿cuántos meses dura la gestación de un elefante?

7. En 1985, en México, la esperanza de vida de un hombre era

de $62\frac{1}{10}$ años y la de una mujer de $65\frac{1}{2}$ años. Escribe estos números como fracciones.

8. El cerebro humano pesa alrededor de $1\frac{2}{5}$ kilogramos. Escribe este número como una fracción.

9. En el salón de clase, la maestra repartió 13 pizzas medianas entre los alumnos. Cada pizza la dividió en 4 partes iguales y entregó una porción a cada niño. Si sobró $1\frac{1}{2}$ pizza, ¿cuántas porciones sobraron? Escribe la fracción correspondiente.

10. Un cachorro de león pesó $1\frac{3}{10}$ de kilogramo al nacer. Escribe este número como una fracción.

Actividades: Adivinanza

Comparación de números mixtos

El leopardo asiático tiene un periodo de gestación de $3\frac{1}{6}$ meses y el del lobo es de $2\frac{1}{10}$ meses. ¿Cuál de los dos tiene el menor periodo de gestación?

Solución:

Para contestar la pregunta debemos comparar $3\frac{1}{6}$ con $2\frac{1}{10}$.

Comparamos la parte entera de los números mixtos,

$$3 > 2$$

entonces

$$3\frac{1}{6} > 2\frac{1}{10}.$$

El periodo de gestación del lobo es menor que el del leopardo.

Para comparar números mixtos consideramos varios casos:

❖ Si las partes enteras de los números son distintas, el número cuya parte entera es mayor es el mayor.

❖ Si la parte entera en ambos números es la misma, se comparan las fracciones y el número correspondiente a la fracción mayor es el mayor de ellos.

También es posible comparar un número mixto con una fracción:

- ❖ Si la fracción es propia, al ser ésta menor que 1 entonces el número mixto siempre es mayor.
- ❖ Si la fracción es impropia, ésta se escribe como número mixto y se compara con el otro.

Ejemplos

1. Compara $6\frac{4}{5}$ con $7\frac{2}{5}$.

Solución:

En este caso basta con comparar la parte entera de los números mixtos, así

$$7 > 6,$$

entonces

$$7\frac{2}{5} > 6\frac{4}{5}.$$

2. Compara $8\frac{4}{7}$ con $8\frac{5}{7}$.

Solución:

Al comparar la parte entera de los números mixtos, observamos que son iguales, entonces comparamos las partes fraccionarias. Como ambas fracciones tienen el mismo denominador, basta comparar los numeradores

$$4 < 5,$$

entonces

$$8\frac{4}{7} < 8\frac{5}{7}.$$

3. Compara $9\frac{5}{6}$ con $9\frac{2}{7}$.

Solución:

Como $9\frac{5}{6}$ y $9\frac{2}{7}$ tienen la parte entera igual, entonces comparamos las partes fraccionarias

$$\frac{5}{6} \quad y \quad \frac{2}{7}.$$

Haciendo los productos cruzados, obtenemos

$$35 \qquad 12$$

así

$$35 > 12.$$

Por tanto,

$$19\tfrac{5}{6} > 9\tfrac{2}{7}.$$

4. Compara $5\tfrac{1}{4}$ con $\dfrac{3}{4}$.

Solución:

Como $\dfrac{3}{4}$ es una fracción propia, entonces sabemos que es menor que 1:

$$\frac{3}{4} < 1$$

y

$$1 < 5\tfrac{1}{4},$$

entonces

$$\frac{3}{4} < 5\tfrac{1}{4}.$$

5. Compara $3\tfrac{1}{4}$ con $\dfrac{9}{2}$.

Solución:

Como $\dfrac{9}{2}$ es una fracción impropia, entonces la escribimos como número mixto $\dfrac{9}{2} = 4\tfrac{1}{2}$

y ahora comparamos $3\tfrac{1}{4}$ con $4\tfrac{1}{2}$. Como $3 < 4$ entonces

$$3\tfrac{1}{2} < 4\tfrac{1}{2}.$$

Es decir,

$$3\tfrac{1}{4} < \frac{9}{2}.$$

Ejercicios

Compara:

1. $7\frac{2}{3}$ con $5\frac{1}{3}$

3. $9\frac{5}{8}$ con $12\frac{9}{13}$

5. $4\frac{7}{9}$ con $\frac{15}{4}$

2. $6\frac{4}{7}$ con $\frac{11}{15}$

4. $2\frac{3}{5}$ con $2\frac{3}{4}$

6. $\frac{35}{6}$ con $15\frac{2}{3}$

Problemas

1. El periodo de gestación de un zorrillo es de $\frac{22}{15}$ meses y el del topo es de $1\frac{2}{5}$ meses. ¿Cuál de los dos tiene el mayor periodo de gestación?

2. El perezoso tiene un periodo de gestación de $7\frac{5}{6}$ meses y el del reno es de 220 días. Considerando meses de 30 días, ¿cuál de los dos tiene el menor periodo de gestación?

3. El 16 de agosto de 2009, Usain Bolt, atleta jamaiquino, corrió 100 metros planos en $9\frac{29}{50}$ segundos, mientras que Francis Obikwelu, nacido en Portugal, alcanzó el 22 de agosto de 2004 la marca de $9\frac{86}{100}$ segundos. ¿Cuál de los dos atletas tenía la mejor marca?

4. La atleta cubana Silvia Acosta alcanzó una altura de $2\frac{1}{25}$ metros rompiendo así el récord de salto de altura que había en ese momento. La búlgara Stefka Kostadinova hizo algo similar alcanzando una altura de $2\frac{9}{100}$. Una de ellas tenía el récord mundial en ese momento, ¿cuál?

5. En los autobuses los niños pagan $\frac{1}{2}$ boleto. La señora López se subió con 3 niños; el matrimonio Gutiérrez se subió con un niño. ¿Cuál de las dos familias pagó más por los boletos?

6. Lupe le dice a Susana, nos vemos dentro de una hora y cuarto en la entrada del centro comercial. Susana llegó al centro comercial $\frac{5}{4}$ de hora más tarde, Lupe llegó a la hora que dijo. ¿Quién de las dos llegó antes?

7. Mercurio tarda $2\frac{14}{15}$ meses en dar la vuelta al Sol, mientras que

Venus tarda $\frac{81}{10}$ meses. ¿Cuál de los dos planetas tarda más en dar la vuelta al Sol?

8. Una ardilla gris puede vivir $23\frac{1}{2}$ años, mientras que una vicuña puede vivir hasta $24\frac{3}{4}$ años. ¿Cuál de los dos animales puede vivir más?

9. Un venado puede recorrer $67\frac{1}{2}$ kilómetros en una hora, mientras que un galgo puede recorrer $67\frac{7}{50}$ kilómetros en el mismo tiempo, ¿cuál de los dos animales es más veloz?

10. El lince puede vivir hasta $32\frac{1}{3}$ años, mientras que un búfalo africano puede vivir hasta $29\frac{1}{2}$ años. ¿Cuál de los dos animales es más longevo?

Actividad: Camino

Suma y resta de números mixtos

Alicia necesita $2\frac{3}{4}$ metros de tela para hacer un mantel y $1\frac{1}{4}$ para las servilletas. ¿Cuántos metros de tela necesita en total?

Solución:

Primero escribimos los números mixtos como fracciones

$$2\frac{3}{4} = \frac{(2 \times 4) + 3}{4}$$

$$= \frac{8 + 3}{4}$$

$$= \frac{11}{4}$$

$$1\frac{1}{4} = \frac{(1 \times 4) + 1}{4}$$

y

$$= \frac{4 + 1}{4}$$

$$= \frac{5}{4}.$$

Ahora sumamos $\frac{11}{4} + \frac{5}{4}$

$$\frac{11}{4} + \frac{5}{4} = \frac{11 + 5}{4}$$

$$= \frac{16}{4}$$

$$= 4.$$

Así, Alicia necesita 4 metros de tela.

Si bien es cierto que hay mecanismos para realizar la suma de números mixtos sin escribirlos como fracciones impropias, no recomendamos su uso en virtud de que únicamente pueden aplicarse al caso de la suma; su uso ni siquiera puede extenderse siempre para la resta. Así, el niño tendría que conocer formas distintas para poder realizar todas las operaciones, lo cual le impide hacerlo de manera sistemática.

Ejemplos

1. Calcular $8\frac{2}{5} + 3\frac{4}{5}$.

Solución:

Primero escribimos los números mixtos como fracciones

$$8\tfrac{2}{5} = \frac{(8 \times 5) + 2}{5}$$
$$= \frac{40 + 2}{5}$$
$$= \frac{42}{5}$$

y
$$3\tfrac{4}{5} = \frac{(3 \times 5) + 4}{5}$$
$$= \frac{15 + 4}{5}$$
$$= \frac{19}{5}.$$

Ahora efectuamos la suma

$$8\tfrac{2}{5} + 3\tfrac{4}{5} = \frac{42}{5} + \frac{19}{5}$$
$$= \frac{42 + 19}{5}$$
$$= \frac{61}{5}$$
$$= 12\tfrac{1}{5}.$$

Así,

$$8\tfrac{2}{5} + 3\tfrac{4}{5} = 12\tfrac{1}{5}.$$

2. Calcular $5\tfrac{3}{7} - 2\tfrac{6}{7}$.

Solución:

Escribimos los números mixtos como fracciones

$$5\tfrac{3}{7} = \frac{(5 \times 7) + 3}{7} \qquad y \qquad 2\tfrac{6}{7} = \frac{(2 \times 7) + 6}{7}$$

$$= \frac{35 + 3}{7} \qquad\qquad\qquad = \frac{14 + 6}{7}$$

$$= \frac{38}{7} \qquad\qquad\qquad\quad = \frac{20}{7}.$$

Ahora efectuamos la resta

$$5\tfrac{3}{7} - 2\tfrac{6}{7} = \frac{38}{7} - \frac{20}{7}$$

$$= \frac{38 - 20}{7}$$

$$= \frac{18}{7}$$

$$= 2\tfrac{4}{7}$$

Así

$$5\tfrac{3}{7} - 2\tfrac{6}{7} = 2\tfrac{4}{7}.$$

3. Calcular $3\tfrac{3}{8} - \dfrac{5}{8}$.

Solución:

Escribimos el número mixto como fracción

$$3\tfrac{3}{8} = \frac{(3 \times 8) + 3}{8}$$

$$= \frac{24 + 3}{8}$$

$$= \frac{27}{8}.$$

Efectuamos la resta

$$3\tfrac{3}{8} - \frac{5}{8} = \frac{27}{8} - \frac{5}{8}$$
$$= \frac{27 - 5}{8}$$
$$= \frac{22}{8}$$
$$= 2\tfrac{6}{8}$$
$$= 2\tfrac{3}{4}.$$

Así

$$3\tfrac{3}{8} - \frac{5}{8} = 2\tfrac{3}{4}.$$

Ejercicios

Efectúa las siguientes operaciones.

1. $3\tfrac{5}{6} + 7\tfrac{1}{6}$

2. $11\tfrac{3}{5} + 9\tfrac{4}{5}$

3. $6\tfrac{7}{12} + 17\tfrac{11}{12}$

4. $2\tfrac{17}{20} + 4\tfrac{9}{20}$

5. $13\tfrac{1}{7} + \dfrac{4}{7}$

6. $8\tfrac{1}{4} - 5\tfrac{3}{4}$

7. $12\tfrac{1}{3} - 7\tfrac{2}{3}$

8. $10\tfrac{12}{13} - 4\tfrac{10}{13}$

9. $16\tfrac{7}{9} - 11\tfrac{5}{9}$

10. $\dfrac{67}{8} - 5\tfrac{3}{8}$

Problemas

1. En el mes de noviembre, una tienda de abarrotes vendió $2\tfrac{3}{5}$ costales de harina durante la primera quincena y $3\tfrac{1}{5}$ durante la segunda, ¿cuál fue la venta del mes?

2. Pedro estuvo enfermo durante dos meses, por ello trabajó $18\tfrac{1}{4}$ días durante un mes y $16\tfrac{3}{4}$ durante el segundo. ¿Cuántos días trabajó en el periodo en el que estuvo enfermo?

3. ¿Cuánto debe agregarse a $39\frac{5}{6}$ para obtener $64\frac{2}{6}$?

4. Marcela tiene 200 pesos, los cuales quiere repartir entre 3 niños. Si al primero le da $52\frac{1}{3}$ pesos y al segundo $88\frac{2}{3}$ pesos, ¿cuánto debe dar al tercero para repartir el total del dinero que tiene?

5. En México, en 1968, el estadounidense Bob Beamon impuso un récord olímpico en el salto de longitud, todavía vigente, alcanzando una marca de $8\frac{90}{100}$ metros. La marca más antigua en este tipo de salto corresponde a Chionis de Esparta, data del año 656 de nuestra era y es de $7\frac{5}{100}$ de metro. ¿Cuánto ha variado la marca antigua con respecto a la olímpica?

6. Mauricio debía $3576\frac{20}{100}$ pesos en su tarjeta de crédito. Si realizó un pago de $2826\frac{25}{100}$ pesos, ¿a cuánto asciende su deuda?

7. Un corredor se está preparando para una competencia. Si el lunes corrió $32\frac{75}{100}$ kilómetros y el martes $37\frac{20}{100}$ kilómetros, ¿cuánto más corrió el martes que el lunes?

8. El vencejo es un ave que pasa la mayor parte del tiempo volando. Únicamente se posa para poner, incubar y criar a sus polluelos. El peso de uno de los huevos oscila entre $3\frac{1}{5}$ y $4\frac{1}{5}$ gramos. ¿Cuál es la diferencia entre los pesos de los huevos de mayor y menor tamaño?

9. En Papúa, Nueva Guinea, hay una especie de rana que al parecer es la más pequeña de todas. Mide $7\frac{7}{10}$ milímetros de largo. La mosca de la fruta mide $2\frac{5}{10}$ milímetros. ¿Cuánto más grande que la mosca es la rana de Nueva Guinea?

10. Si las patas de una jirafa miden $1\frac{4}{5}$ metros y el cuerpo y la cabeza juntos miden $2\frac{3}{5}$ metros, ¿cuál es la altura de la jirafa?

Actividades: Ilumina la mariposa

Multiplicación de fracciones

Con el uso de las bandas

Encuentra la mitad de $\frac{1}{3}$.

Solución:

En una hoja de papel hacemos una banda de tercios.

Doblamos la tira de manera que uno de los tercios quede dividido en dos partes iguales.

Coloreamos una de las mitades que obtuvimos.

Ahora colocamos la banda de sextos y observamos que $\frac{1}{6}$ es la mitad de $\frac{1}{3}$.

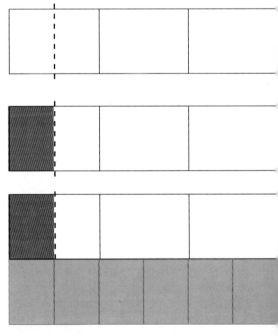

Escribimos
$$\frac{1}{2} \times \frac{1}{3} = \frac{1}{6},$$

porque considerar

$$\frac{1}{2} \times \frac{1}{3}$$

es tomar media vez un tercio, es decir, la mitad de un tercio.

Observa que

$$\frac{1}{2} \times \frac{1}{3} = \frac{1 \times 1}{2 \times 3} = \frac{1}{6}.$$

Cuando queremos multiplicar dos fracciones, obtenemos una fracción cuyo numerador es el producto de los numeradores y cuyo denominador es el producto de los denominadores.

El uso de las bandas, material con el que el alumno está familiarizado, nos permite encontrar una manera de hacer la multiplicación. Más adelante veremos otra forma de hacerla. Una vez entendida la multiplicación, no hay inconveniente en que ésta se realice simplemente multiplicando numerador por numerador y denominador por denominador.

Ejemplos

1. Encuentra $\frac{1}{3} \times \frac{1}{4}$.

Solución:

Hacemos una banda de cuartos.

Nos fijamos en $\frac{1}{4}$ y lo dividimos en tres partes iguales.

Coloreamos una de las tres partes.

Ahora colocamos la banda de doceavos

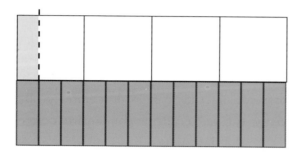

y observamos que $\frac{1}{12}$ es la tercera parte de $\frac{1}{4}$.

Escribimos

$$\frac{1}{3} \times \frac{1}{4} = \frac{1}{12},$$

observa que

$$\frac{1}{3} \times \frac{1}{4} = \frac{1 \times 1}{3 \times 4} = \frac{1}{12}.$$

2. Encuentra $\frac{1}{3} \times \frac{2}{3}$.

Solución:

Hacemos una banda de tercios.

Consideramos $\frac{2}{3}$ de ella y los dividimos en tres partes iguales.

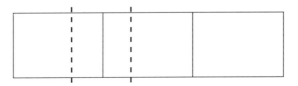

Coloreamos una de las tres partes:

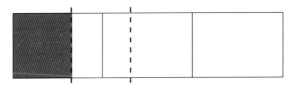

Comparamos con nuestras bandas de colores y observamos que la de novenos es la que coincide con la parte coloreada

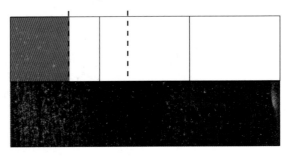

y observamos que $\frac{2}{9}$ es la tercera parte de $\frac{2}{3}$.

Escribimos

$$\frac{1}{3} \times \frac{2}{3} = \frac{2}{9},$$

observa que

$$\frac{1}{3} \times \frac{2}{3} = \frac{1 \times 2}{3 \times 3} = \frac{2}{9}.$$

También es posible considerar la banda de tercios y dividir $\frac{1}{3}$ en tres partes iguales.

Ahora coloreamos dos de las tres partes:

Comparamos con nuestras bandas de colores y observamos que la de novenos es la que coincide con la parte coloreada de manera que $\frac{2}{9}$ son dos terceras partes de $\frac{1}{3}$.

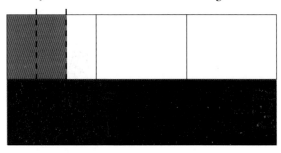

Es decir, hemos obtenido el mismo resultado.

Ejercicios

1. Haz una banda de quintos y utilízala para encontrar $\frac{1}{2} \times \frac{1}{5}$.
2. Haz una banda de medios y utilízala para encontrar $\frac{1}{4} \times \frac{1}{2}$. Ahora haz una banda de cuartos y utilízala para encontrar $\frac{1}{2} \times \frac{1}{4}$. Compara los resultados.
3. Haz una banda de sextos y utilízala para encontrar $\frac{1}{4} \times \frac{4}{6}$.
4. Haz una banda de octavos y utilízala para encontrar $\frac{1}{3} \times \frac{6}{8}$.
5. Haz una banda de tercios y utilízala para encontrar $\frac{2}{4} \times \frac{1}{3}$.

Otra manera de hacer la multiplicación

En un huerto las tres quintas partes están sembradas con manzanos y perales. De esa parte la mitad está sembrada con perales. ¿Qué fracción del huerto está sembrada con perales?

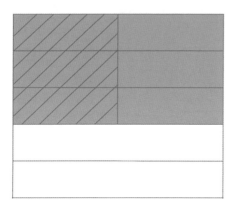

Solución:

Si consideramos $\frac{3}{5}$ partes del huerto y después tomamos $\frac{1}{2}$ de lo que obtuvimos, tenemos lo que se muestra en la figura de la izquierda.

La parte iluminada de azul representa $\frac{3}{5}$ del huerto. La parte rayada corresponde a $\frac{1}{2}$ de las $\frac{3}{5}$ partes. La porción del huerto iluminada y rayada es $\frac{3}{10}$, es decir

$$\frac{3}{5} \times \frac{1}{2} = \frac{3}{10}.$$

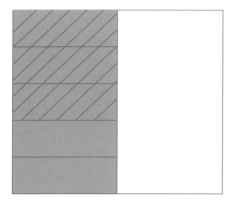

Si ahora consideramos $\frac{1}{2}$ del huerto y después tomamos $\frac{3}{5}$ de lo que obtuvimos, tenemos lo que se muestra en la figura de la izquierda.

En ambos casos coincide la región iluminada y rayada.

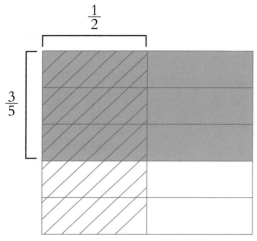

Observamos que $\frac{3}{10}$ es el área de un rectángulo cuyos lados miden $\frac{1}{2}$ y $\frac{3}{5}$.

Introducir la multiplicación de fracciones usando áreas es lo más utilizado. Es recomendable que se presente al niño de ambas maneras y sea él quien elija cuál es la que le parece más sencilla.

Cuando multiplicamos fracciones y no lo hacemos de manera gráfica, sino formando la fracción que tiene por numerador la multiplicación de los numeradores y por denominador la multiplicación de los denominadores, es muy importante insistir en la simplificación, cuando esto es posible, antes de realizar las multiplicaciones. Esto tiene muchas ventajas, se manejan números más pequeños, evita errores y el resultado que se obtiene está en su mínima expresión. Que los niños dominen la simplificación les facilitará, en el futuro, el manejo de expresiones algebraicas.

Ejemplos

1. Calcular $\frac{1}{4} \times \frac{2}{3}$ utilizando áreas.

Solución:

En la ilustración de la derecha, la parte iluminada de naranja representa $\frac{2}{3}$. La parte rayada corresponde a $\frac{1}{4}$ de las $\frac{2}{3}$ partes. La porción iluminada y rayada es $\frac{2}{12}$,

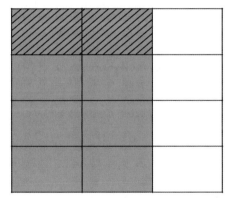

es decir, $\quad \frac{1}{4} \times \frac{2}{3} = \frac{2}{12}$.

2. Calcular $\frac{3}{7} \times \frac{4}{5}$.

Solución:
$$\frac{3}{7} \times \frac{4}{5} = \frac{3 \times 4}{7 \times 5}$$
$$= \frac{12}{35}.$$

Por tanto, $\qquad \frac{3}{7} \times \frac{4}{5} = \frac{12}{35}.$

3. Calcular $\dfrac{9}{2} \times \dfrac{8}{3}$.

Solución:

$$\dfrac{9}{2} \times \dfrac{8}{3} = \dfrac{9 \times 8}{2 \times 3}$$

$$= \dfrac{3 \times 3 \times 2 \times 4}{2 \times 3}$$

$$= \dfrac{3}{3} \times \dfrac{2}{2} \times \dfrac{3 \times 4}{1}$$

$$= 1 \times 1 \times 12$$

$$= 12.$$

Por tanto, $\qquad \dfrac{9}{2} \times \dfrac{8}{3} = 12.$

4. Del total de piezas dentales en un adulto, $\dfrac{5}{8}$ son molares y premolares. $\dfrac{2}{5}$ de dicha cantidad son premolares. ¿Qué fracción del total de piezas dentales son premolares?

Solución:

Calculamos $\dfrac{2}{5}$ de $\dfrac{5}{8}$, es decir

$$\dfrac{2}{5} \times \dfrac{5}{8} = \dfrac{2 \times 5}{5 \times 8}$$

$$= \dfrac{2 \times 5}{5 \times 2 \times 4}$$

$$= \dfrac{5}{5} \times \dfrac{2}{2} \times \dfrac{1}{4}$$

$$= 1 \times 1 \times \dfrac{1}{4}$$

$$= \dfrac{1}{4}.$$

Por tanto, $\dfrac{1}{4}$ del total de piezas dentales son premolares.

Ejercicios

Efectúa las siguientes multiplicaciones.

1. $\dfrac{4}{11} \times \dfrac{5}{6}$

2. $\dfrac{2}{9} \times \dfrac{3}{4}$

3. $\dfrac{12}{8} \times \dfrac{6}{5}$

4. $\dfrac{5}{7} \times \dfrac{14}{3}$

5. $\dfrac{15}{4} \times \dfrac{8}{5}$

Problemas

1. Petra compró una gruesa de flores. La mitad de ella la puso en un altar, $\dfrac{2}{3}$ del sobrante lo regaló a su mamá y el resto lo puso en un florero. ¿Cuántas flores colocó en el florero?

2. Luis vende jugo de naranja por las mañanas. Para obtener un vaso de jugo, debe exprimir $\dfrac{3}{4}$ de $\dfrac{1}{12}$ de gruesa. Escribe el número de naranjas que necesita para hacer un vaso de jugo, expresado en gruesas. ¿Cuántas naranjas necesita para cada vaso?

3. Lupe tiene $\dfrac{1}{2}$ metro de tela y quiere cortar 4 cintas con ella. Expresa en metros la fracción que representa la medida de cada cinta.

En una orquesta sinfónica:

4. $\dfrac{2}{3}$ de los instrumentos son de cuerdas. Si los violines son $\dfrac{9}{20}$ de ellos, ¿qué fracción del total de los instrumentos son violines?

5. $\dfrac{4}{15}$ de los instrumentos son de aliento. Si $\dfrac{5}{8}$ de ellos son de aliento madera, ¿qué fracción del total de los instrumentos son de aliento madera?

6. $\dfrac{4}{15}$ de los instrumentos son de aliento. Si $\dfrac{3}{8}$ de ellos son de aliento metal, ¿qué fracción del total de los instrumentos son de aliento metal?

7. $\dfrac{2}{3}$ de los instrumentos son de cuerdas. Si las violas son $\dfrac{1}{5}$ de ellos, ¿qué fracción del total de los instrumentos son violas?

8. $\frac{4}{15}$ de los instrumentos son de aliento. Si $\frac{1}{8}$ de ellos son flautas, ¿qué fracción del total de los instrumentos son flautas?

9. $\frac{2}{3}$ de los instrumentos son de cuerdas. Si los contrabajos sólo son $\frac{1}{8}$ de ellos, ¿qué fracción del total de los instrumentos son contrabajos?

Actividades: Aviones • Mosaico

Fracciones de un entero

Los seres humanos duermen en promedio $\frac{1}{3}$ cada día. ¿Cuántas horas duermen en promedio cada día?

Solución:

Un día tiene 24 horas.

$$24 \times \frac{1}{3} = \frac{24}{1} \times \frac{1}{3}$$
$$= \frac{24 \times 1}{1 \times 3}$$
$$= \frac{8 \times 3}{3}$$
$$= 8.$$

$\frac{1}{3}$ de día = 8 horas.

La tercera parte de 24 es 8. Los seres humanos duermen en promedio 8 horas cada día.

Encontrar una fracción de un número entero es un caso particular de la multiplicación de fracciones, simplemente considerando el entero como la fracción que tiene a dicho entero como numerador y 1 como denominador. Sin embargo, se pone especial énfasis en este caso, ya que en muchos problemas aparece esta situación.

Ejemplos

1. Calcula $\frac{5}{6}$ de 48.

Solución:

Para calcular $\frac{5}{6}$ de 48, multiplicamos $\frac{5}{6}$ por 48

$$\frac{5}{6} \times 48 = \frac{5 \times 48}{6}$$
$$= \frac{5 \times 8 \times 6}{6}$$
$$= \frac{6}{6} \times 5 \times 8$$
$$= 1 \times 40$$
$$= 40.$$

$\frac{5}{6}$ de $48 = 40$.

2. ¿Cuántos centavos es $\frac{1}{5}$ de 1 peso?

Solución:

Como 1 peso equivale a 100 centavos, entonces $\frac{1}{5}$ de 1 peso es

$$\frac{1}{5} \times 100 = \frac{1}{5} \times \frac{100}{1}$$
$$= \frac{1 \times 100}{5 \times 1}$$
$$= \frac{100}{5}$$
$$= 20.$$

$\frac{1}{5}$ de 1 peso $= 20$ centavos.

Ejercicios

1. ¿Cuántos cuartos de pera se pueden obtener con 8 peras?
2. ¿Cuánto es $\frac{3}{5}$ de 60 pesos?
3. ¿Cuántos minutos son $\frac{3}{4}$ de hora?

4. En cada año hay cuatro estaciones. ¿Cuántos meses dura cada una?

5. ¿Cuánto es $\dfrac{3}{4}$ de una docena de huevos? ¿Cuánto es $\dfrac{1}{3}$ de $\dfrac{3}{4}$ de una docena de huevos?

6. Un suéter cuesta 350 pesos. En el momento de efectuar el pago, el vendedor le informa al cliente que le va a hacer un descuento. Para ello multiplica el costo del suéter por 40 y divide el resultado entre 100, para después restar esta cantidad del precio original. ¿Qué descuento efectuó? ¿Cuánto hay que pagar por el suéter?

7. Un chimpancé pasa $\dfrac{3}{4}$ de su vida en los árboles. Si vive 48 años, ¿cuántos años de su vida pasa en los árboles?

8. Una marmota en estado de hibernación reduce su número de latidos cardiacos, de aproximadamente 90 por minuto, a $\dfrac{1}{6}$ de esa cantidad. ¿Qué número de latidos por minuto tiene en estado de hibernación?

9. Los músculos constituyen las $\dfrac{2}{5}$ partes del total del peso del cuerpo. Si un niño pesa 30 kilogramos, ¿cuánto pesan sus músculos?

10. Felipe el pastor tiene un rebaño de 27 ovejas. Jorge tiene $\dfrac{4}{3}$ del número de ovejas de Felipe. ¿Cuántas ovejas tiene Jorge?

11. De un carrete de hilo de 200 m, se han usado $\dfrac{2}{5}$ partes. ¿Cuántos metros se han usado? ¿Cuántos metros quedan en el carrete?

12. El intestino delgado está formado por el duodeno, el yeyuno y el íleon. Si el intestino delgado de Rubén mide 6 m y se sabe que el duodeno es $\dfrac{1}{24}$ del intestino, el yeyuno mide $\dfrac{2}{5}$ de la medida del intestino y el íleon $\dfrac{67}{120}$ del mismo, ¿cuál es la medida en centímetros de cada uno de ellos?

 Actividades: Sólo me importan los enteros

Multiplicación de números mixtos

La *Mona Lisa,* obra maestra de Leonardo da Vinci, genio italiano del Renacimiento, es una pintura al óleo de forma rectangular que mide $7\frac{7}{10}$ decímetros de largo y $5\frac{3}{10}$ decímetros de ancho. ¿Cuál es el área del cuadro?

Solución:

Para calcular el área de un rectángulo multiplicamos el largo por el ancho.

Así, el área del cuadro es $7\frac{7}{10} \times 5\frac{3}{10}$.

Escribimos los números mixtos como fracciones

$$7\frac{7}{10} = \frac{(7 \times 10) + 7}{10}$$

$$= \frac{70 + 7}{10}$$

$$= \frac{77}{10}.$$

y

$$5\frac{3}{10} = \frac{(5 \times 10) + 3}{10}$$

$$= \frac{50 + 3}{10}$$

$$= \frac{53}{10}.$$

Multiplicamos las fracciones

$$7\tfrac{7}{10} \times 5\tfrac{3}{10} = \frac{77}{10} \times \frac{53}{10}$$

$$= \frac{77 \times 53}{10 \times 10}$$

$$= \frac{4081}{100}$$

$$= 40\tfrac{81}{100}$$

El cuadro tiene un área de $40\tfrac{81}{100}$ decímetros cuadrados.

Para multiplicar números mixtos, escribimos ambos números como fracciones y multiplicamos.

Recordemos que en todas las operaciones con números mixtos, escribimos los números mixtos como fracciones antes de hacer la operación.

Ejemplos

1. Calcular $3\tfrac{5}{9} \times 12\tfrac{1}{4}$.

Solución:

Escribimos los números como fracciones

$$3\tfrac{5}{9} = \frac{(3 \times 9) + 5}{9}$$

$$= \frac{27 + 5}{9}$$

$$= \frac{32}{9}$$

y

$$12\tfrac{1}{4} = \frac{(12 \times 4) + 1}{4}$$

$$= \frac{48 + 1}{4}$$

$$= \frac{49}{4}.$$

Multiplicamos las fracciones:

$$3\tfrac{5}{9} \times 12\tfrac{1}{4} = \frac{32}{9} \times \frac{49}{4}$$

$$= \frac{32 \times 49}{9 \times 4}$$

$$= \frac{4 \times 8 \times 49}{9 \times 4}$$

$$= \frac{8 \times 49}{9}$$

$$= \frac{392}{9}$$

$$= 43\tfrac{5}{9}.$$

Así, $3\tfrac{5}{9} \times 12\tfrac{1}{4} = 43\tfrac{5}{9}$.

2. Calcular $5\tfrac{4}{7} \times 6\tfrac{9}{10}$.

Solución:

Escribimos los números como fracciones

$$5\tfrac{4}{7} = \frac{(5 \times 7) + 4}{7}$$

$$= \frac{35 + 4}{7}$$

$$= \frac{39}{7}$$

y

$$6\tfrac{9}{10} = \frac{(6 \times 10) + 9}{10}$$

$$= \frac{60 + 9}{10}$$

$$= \frac{69}{10}.$$

Multiplicamos las fracciones:

$$5\tfrac{4}{7} \times 6\tfrac{9}{10} = \frac{39}{7} \times \frac{69}{10}$$

$$= \frac{39 \times 69}{7 \times 10}$$

$$= \frac{2691}{70}$$

$$= 38\tfrac{31}{70}.$$

Así, $5\frac{4}{7} \times 6\frac{9}{10} = 38\frac{31}{70}$.

Ejercicios

Efectúa las siguientes multiplicaciones.

1. $4\frac{1}{2} \times 1\frac{3}{5}$

2. $2\frac{7}{13} \times 3\frac{11}{13}$

3. $11\frac{2}{9} \times 5\frac{5}{8}$

4. $8\frac{5}{6} \times 12\frac{6}{11}$

5. $6\frac{5}{8} \times 7\frac{3}{4}$

Problemas

1. Calcula el área del cuadro rectangular *La adoración de los reyes magos,* pintado por Leonardo da Vinci entre los años 1481 y 1482, cuyos lados miden $2\frac{23}{50}$ y $2\frac{43}{100}$ metros respectivamente.

2. El pintor y escultor italiano Miguel Ángel realizó, entre los años 1546 y 1550, el mural rectangular conocido como *La crucifixión de San Pedro,* cuyos lados miden $6\frac{1}{4}$ y $6\frac{31}{50}$ metros respectivamente. Calcula el área del mural.

3. El periodo de rotación de Mercurio es de $58\frac{2}{3}$ días. El periodo de traslación es $\frac{3}{2}$ del de rotación. ¿Cuántos días tarda Mercurio en dar la vuelta al Sol?

4. El escarabajo tigre australiano es el insecto que corre más rápido. Alcanza una velocidad de $2\frac{1}{2}$ metros por segundo.
   a) ¿Cuántos metros recorre en una hora?
   b) Utiliza el resultado del inciso a) para encontrar el número de kilómetros que puede recorrer en una hora.

7. El hígado pesa aproximadamente $1\frac{1}{2}$ kilogramos. Si el corazón pesa aproximadamente la cuarta parte del peso del hígado, ¿cuál es el peso aproximado del corazón?

8. Si un kilogramo de jamón cuesta $126\frac{3}{5}$ pesos. ¿Cuánto cuestan $\frac{3}{4}$ de kilogramo de jamón?

9. El eclipse total de Sol que se apreció en México el 11 de julio de 1991 tuvo una duración de $6\frac{53}{60}$ minutos. ¿Cuántos segundos duró la oscuridad?

10. Si el metro de tela cuesta $29\frac{9}{10}$ pesos, ¿cuánto hay que pagar por $3\frac{3}{4}$ metros?

Denominador común

Expresar $\frac{1}{2}$ y $\frac{3}{4}$ como fracciones que tengan el mismo denominador.

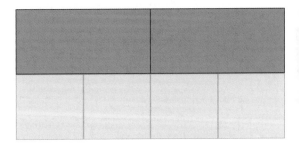

Colocamos las bandas de medios y cuartos como se indica en la figura de la derecha y observamos que $\frac{1}{2} = \frac{2}{4}$, entonces las fracciones se escriben como $\frac{2}{4}$ y $\frac{3}{4}$ respectivamente, y un denominador común es 4.

Encontrar un denominador común es indispensable para calcular la suma y resta de fracciones con distinto denominador. Introducimos el concepto utilizando las bandas, ya que el niño sabe encontrar fracciones equivalentes con el uso de ellas. Posteriormente, mostramos una manera sistemática de hacerlo. En esta última encontramos siempre el mínimo denominador común.

Ejemplos

1. Expresar $\frac{2}{3}$ y $\frac{5}{6}$ con denominador común.

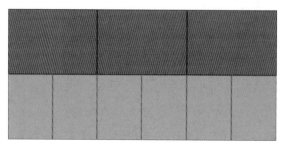

Colocamos las bandas de tercios y sextos como se muestra y observamos que $\frac{2}{3} = \frac{4}{6}$, entonces las fracciones se escriben como $\frac{4}{6}$ y $\frac{5}{6}$ respectivamente, y su denominador común es 6.

2. Expresar $\frac{1}{2}$, $\frac{3}{4}$ y $\frac{5}{8}$ con denominador común.

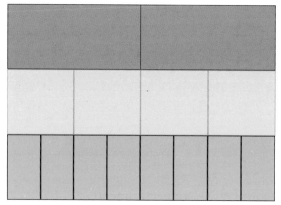

Solución:

Colocamos las bandas de medios, cuartos y octavos como se indica.

Observamos que $\frac{1}{2} = \frac{4}{8}$.

y $\frac{3}{4} = \frac{6}{8}$

entonces las fracciones se escriben como $\frac{4}{8}$, $\frac{6}{8}$ y $\frac{5}{8}$ respectivamente, y su denominador común es 8.

3. Expresar $\frac{1}{5}$ y $\frac{1}{2}$ con denominador común.

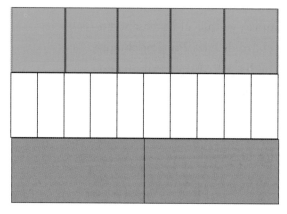

Solución:

Colocamos las bandas de quintos, décimos y medios como se muestra en la figura de la izquierda y vemos que $\frac{1}{5} = \frac{2}{10}$ y $\frac{1}{2} = \frac{5}{10}$ entonces las fracciones se escriben como $\frac{2}{10}$ y $\frac{5}{10}$ respectivamente, y su denominador común es 10.

Observamos que
$$\frac{1}{5} = \frac{1 \times 2}{5 \times 2} = \frac{2}{10}$$

y
$$\frac{1}{2} = \frac{1 \times 5}{2 \times 5} = \frac{5}{10}$$

4. Expresar $\frac{5}{3}$ y $\frac{4}{9}$ con denominador común.

Solución:

Consideramos el denominador más grande, en este caso 9.

Calculamos sus múltiplos hasta encontrar el primero que sea múltiplo de 3.

Como $1 \times 9 = 9$ sí es múltiplo de 3,

ya que $3 \times 3 = 9$,

entonces 9 es un denominador común.

Debemos encontrar una fracción equivalente a $\frac{5}{3}$ cuyo denominador sea 9, para lo cual multiplicamos el numerador y el denominador de $\frac{5}{3}$ por 3:

$$\frac{5}{3} = \frac{5 \times 3}{3 \times 3} = \frac{15}{9}.$$

Las fracciones se escriben como $\frac{15}{9}$ y $\frac{4}{9}$ respectivamente, y su denominador común es 9.

5. Expresar $\frac{2}{7}$ y $\frac{8}{3}$ con denominador común.

Solución:

Consideramos el denominador más grande, en este caso 7.

Calculamos sus múltiplos hasta encontrar el primero que sea múltiplo de 3.

Como $1 \times 7 = 7$ no es múltiplo de 3,

$2 \times 7 = 14$ no es múltiplo de 3,

$3 \times 7 = 21$ sí es múltiplo de 3,

entonces 21 es un denominador común.

Debemos encontrar fracciones equivalentes a $\frac{2}{7}$ y $\frac{8}{3}$ cuyo denominador sea 21.

Para lo cual multiplicamos el numerador y el denominador de $\frac{2}{7}$ por 3:

$$\frac{2}{7} = \frac{2 \times 3}{7 \times 3} = \frac{6}{21}$$

y el numerador y el denominador de $\frac{8}{3}$ por 7:

$$\frac{8}{3} = \frac{8 \times 7}{3 \times 7} = \frac{56}{21}$$

Las fracciones se escriben como $\frac{6}{21}$ y $\frac{56}{21}$ respectivamente, y su denominador común es 21.

6. Expresar $\frac{4}{9}$ y $\frac{5}{6}$ con denominador común.

Solución:

Consideramos el denominador más grande, en este caso 9.

Calculamos sus múltiplos hasta encontrar el primero que sea múltiplo de 6.

Como $1 \times 9 = 9$ no es múltiplo de 6,

$\qquad 2 \times 9 = 18$ sí es múltiplo de 6,

entonces 18 es un denominador común.

Entonces escribimos $\frac{4}{9}$ y $\frac{5}{6}$ ambas con denominador 18.

$$\frac{4}{9} = \frac{4 \times 2}{9 \times 2} = \frac{8}{18}$$

y

$$\frac{5}{6} = \frac{5 \times 3}{6 \times 3} = \frac{15}{18}$$

Las fracciones se escriben como $\frac{8}{18}$ y $\frac{15}{18}$ respectivamente, y su denominador común es 18.

Ejercicios

En cada caso, utiliza las bandas adecuadas para expresar las fracciones con denominador común.

1. $\dfrac{1}{3}$ y $\dfrac{2}{9}$

2. $\dfrac{5}{12}$ y $\dfrac{3}{4}$

3. $\dfrac{3}{5}$ y $\dfrac{7}{10}$

4. $\dfrac{1}{4}$ y $\dfrac{1}{6}$

5. $\dfrac{2}{3}, \dfrac{3}{4}$ y $\dfrac{11}{12}$

En cada caso, expresa las fracciones con denominador común.

6. $\dfrac{4}{5}$ y $\dfrac{2}{3}$

7. $\dfrac{6}{7}$ y $\dfrac{1}{6}$

8. $\dfrac{7}{8}$ y $\dfrac{2}{5}$

9. $\dfrac{1}{4}$ y $\dfrac{7}{9}$

10. $\dfrac{8}{11}$ y $\dfrac{1}{2}$

Actividades: Arañando la meta

Suma y resta de fracciones con distinto denominador

Con las bandas

Suma

Efectúa la operación $\frac{1}{2} + \frac{1}{3}$.

Solución:

Colocamos las bandas de medios y de tercios de la siguiente manera:

es decir, colocamos la banda de tercios haciendo coincidir su inicio con la línea en la que termina el primer medio.

Ahora colocamos la banda de los sextos

entonces $\frac{1}{2} + \frac{1}{3} = \frac{5}{6}$.

Resta

Efectúa la operación $\frac{1}{3} - \frac{1}{4}$.

Solución:

Colocamos las bandas de tercios y de cuartos de la siguiente manera:

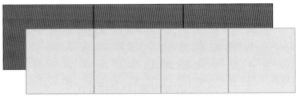

es decir, hacemos coincidir las líneas en las que terminan el primer tercio y el primer cuarto.

Ahora colocamos la banda de los doceavos.

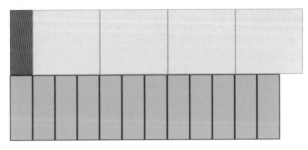

entonces $\frac{1}{3} - \frac{1}{4} = \frac{1}{12}$.

Nuevamente, el uso de las bandas nos permite realizar las operaciones de manera gráfica y manual. La parte operativa es indispensable, ya que las bandas sólo pueden usarse para fracciones pequeñas y cuando tenemos una banda dividida en tantas partes como el denominador de la solución.

Ejemplos

1. Usando las bandas, calcula $\frac{2}{10} + \frac{3}{5}$.

Solución:

Colocamos las bandas

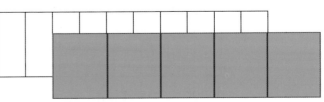

Observamos que $\dfrac{2}{10} + \dfrac{3}{5} = \dfrac{8}{10}$

$$= \dfrac{4}{5}.$$

2. Usando las bandas, calcula $\dfrac{5}{8} - \dfrac{1}{4}$.

Solución:

Colocamos las bandas

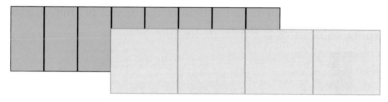

Observamos que $\dfrac{5}{8} - \dfrac{1}{4} = \dfrac{3}{8}$.

3. Usando las bandas, calcula $\dfrac{1}{2} - \dfrac{1}{5}$.

Solución:

Colocamos las bandas de la siguiente manera:

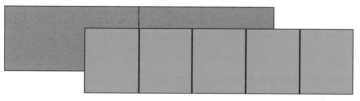

Ahora colocamos la banda de los décimos

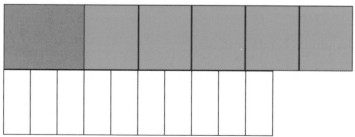

de donde $\dfrac{1}{2} - \dfrac{1}{5} = \dfrac{3}{10}$.

Ejercicios

Usa las bandas adecuadas para efectuar las siguientes operaciones.

1. $\dfrac{2}{3} + \dfrac{2}{9}$　　　3. $\dfrac{5}{6} - \dfrac{3}{4}$　　　5. $\dfrac{11}{12} - \dfrac{6}{8}$

2. $\dfrac{3}{4} - \dfrac{1}{3}$　　　4. $\dfrac{5}{10} + \dfrac{1}{6}$

Otra manera de sumar y restar fracciones con distinto denominador

Para hacer una falda se necesitan $\dfrac{3}{4}$ de metro de tela y para la blusa se necesitan $\dfrac{2}{3}$ de metro. ¿Cuánta tela se necesita para hacer la falda y la blusa?

Solución:

Observamos que las fracciones no tienen el mismo denominador. Entonces buscamos dos fracciones equivalentes a $\dfrac{3}{4}$ y $\dfrac{2}{3}$ que tengan el mismo denominador.

Consideramos el denominador más grande, en este caso 4.

Calculamos sus múltiplos hasta encontrar el primero que sea múltiplo de 3.

Como $1 \times 4 = 4$　no es múltiplo de 3.

　　　　$2 \times 4 = 8$　no es múltiplo de 3.

　　　　$3 \times 4 = 12$　sí es múltiplo de 3.

Entonces 12 es un denominador común.

Debemos encontrar fracciones equivalentes a $\dfrac{3}{4}$ y $\dfrac{2}{3}$ cuyo denominador sea 12.

Para lo cual multiplicamos el numerador y el denominador de $\dfrac{3}{4}$ por 3:

$$\dfrac{3}{4} = \dfrac{3 \times 3}{4 \times 3} = \dfrac{9}{12}$$

y el numerador y el denominador de $\dfrac{2}{3}$ por 4:

$$\frac{2}{3} = \frac{2 \times 4}{3 \times 4} = \frac{8}{12}.$$

Las fracciones se escriben como $\frac{9}{12}$ y $\frac{8}{12}$ y su denominador común es 12.

Ahora sumamos las fracciones obtenidas:

$$\frac{9}{12} + \frac{8}{12} = \frac{9+8}{12} = \frac{17}{12}.$$

Se necesitan $\frac{17}{12}$ de metro para confeccionar las dos prendas.

Como $\frac{17}{12} = 1\frac{5}{12}$, se necesita $1\frac{5}{12}$ de metro de tela.

Para sumar o restar fracciones con distinto denominador, necesitamos encontrar un denominador común. Ya hemos visto la manera de encontrarlo. Con dicho procedimiento encontramos el mínimo denominador común. La operación puede realizarse utilizando cualquier denominador común, sin embargo el uso del mínimo facilita los cálculos.

Ejemplos

1. Calcula $\frac{7}{5} + \frac{11}{10}$.

Solución:

Consideramos el denominador más grande, en este caso 10.

Calculamos sus múltiplos hasta encontrar el primero que sea múltiplo de 5.

Como $1 \times 10 = 10$ sí es múltiplo de 5,

ya que $5 \times 2 = 10$, entonces 10 es un denominador común.

Multiplicamos el numerador y el denominador de $\frac{7}{5}$ por 2:

$$\frac{7}{5} = \frac{7 \times 2}{5 \times 2} = \frac{14}{10}.$$

Así
$$\frac{7}{5} + \frac{11}{10} = \frac{14}{10} + \frac{11}{10}$$
$$= \frac{14+11}{10}$$
$$= \frac{25}{10}$$
$$= \frac{5}{2}.$$

Por tanto, $\frac{7}{5} + \frac{11}{10} = \frac{5}{2}$.

2. Calcula $\frac{8}{12} - \frac{1}{4}$.

Solución:

Consideramos el denominador más grande, en este caso 12.

Calculamos sus múltiplos hasta encontrar el primero que sea múltiplo de 4.

Como $1 \times 12 = 12$ sí es múltiplo de 4,

ya que $4 \times 3 = 12$, entonces 12 es un denominador común.

Multiplicamos el numerador y el denominador de $\frac{1}{4}$ por 3:
$$\frac{1}{4} = \frac{1 \times 3}{4 \times 3} = \frac{3}{12}$$
Así
$$\frac{8}{12} - \frac{1}{4} = \frac{8}{12} - \frac{3}{12}.$$
$$= \frac{8-3}{12}$$
$$= \frac{5}{12}.$$

Por tanto, $\frac{8}{12} - \frac{1}{4} = \frac{5}{12}$.

3. Calcula $\frac{4}{10} + \frac{7}{6}$.

Solución:

Consideramos el denominador más grande, en este caso 10.

Calculamos sus múltiplos hasta encontrar el primero que sea múltiplo de 6.

Como $1 \times 10 = 10$ no es múltiplo de 6.

$\quad\quad\quad 2 \times 10 = 20$ no es múltiplo de 6.

$\quad\quad\quad 3 \times 10 = 30$ sí es múltiplo de 6,

ya que $6 \times 5 = 30$, entonces 30 es un denominador común.

Escribimos fracciones equivalentes a $\frac{4}{10}$ y $\frac{7}{6}$ con denominador 30.

$$\frac{4}{10} = \frac{4 \times 3}{10 \times 3} = \frac{12}{30}$$

y

$$\frac{7}{6} = \frac{7 \times 5}{6 \times 5} = \frac{35}{30}$$

entonces

$$\frac{4}{10} + \frac{7}{6} = \frac{12}{30} ,+ \frac{35}{30}$$
$$= \frac{12 + 35}{30}$$
$$= \frac{47}{30}.$$

Así

$$\frac{4}{10} + \frac{7}{6} = \frac{47}{30}.$$

Otra manera de hacer la suma. Una vez que hemos encontrado el denominador común, 30, calculamos 30 entre el denominador de $\frac{4}{10}$ es decir $\frac{30}{10} = 3$ y multiplicamos el número obtenido 3 por el numerador de la fracción $\frac{4}{10}$, es decir $3 \times 4 = 12$.

Después calculamos $\frac{30}{6} = 5$ y multiplicamos el número obtenido, 5, por el numerador de la fracción $\frac{7}{6}$, es decir $5 \times 7 = 35$.

Por último sumamos $12 + 35 = 47$ y colocamos lo obtenido como numerador del resultado: $\frac{47}{30}$.

En resumen

$$\frac{4}{10} + \frac{7}{6} = \frac{(3 \times 4) + (5 \times 7)}{30}$$
$$= \frac{12 + 35}{30}$$
$$= \frac{47}{30}.$$

4. Calcula $\frac{20}{24} - \frac{8}{15}$.

Solución:

Consideramos el denominador más grande, en este caso 24.

Calculamos sus múltiplos hasta encontrar el primero que sea múltiplo de 15.

Como $1 \times 24 = 24$ no es múltiplo de 15.
$2 \times 24 = 48$ no es múltiplo de 15.
$3 \times 24 = 72$ no es múltiplo de 15.
$4 \times 24 = 96$ no es múltiplo de 15.
$5 \times 24 = 120$ sí es múltiplo de 15,

ya que $8 \times 15 = 120$, entonces 120 es un denominador común.

Así:

$$\frac{20}{24} - \frac{8}{15} = \frac{(5 \times 20) - (8 \times 8)}{120}$$
$$= \frac{100 - 64}{120}$$
$$= \frac{36}{120}$$
$$= \frac{3}{10}.$$

5. En uno de los platos de una balanza hay dos costalitos con granos de café, uno contiene $\frac{1}{4}$ de kilogramo y el otro $\frac{1}{2}$. En el otro plato hay un costal con $\frac{1}{8}$ de kilogramo de café. Si queremos equilibrar la balanza debemos colocar otro costal en el plato donde hay sólo uno, ¿cuánto café debe contener?

Solución:

En el plato donde hay dos costales hay $\frac{1}{4} + \frac{1}{2}$ de kilogramos de café.

Para hacer la suma, consideramos el denominador más grande, en este caso 4.

Calculamos sus múltiplos hasta encontrar el primero que sea múltiplo de 2.

Como $1 \times 4 = 4$ sí es múltiplo de 2, ya que $2 \times 2 = 4$, entonces 4 es un denominador común.

Multiplicamos el numerador y el denominador de $\frac{1}{2}$ por 2:

$$\frac{1}{2} = \frac{1 \times 2}{2 \times 2} = \frac{2}{4}.$$

Así

$$\frac{1}{4} + \frac{1}{2} = \frac{1}{4} + \frac{2}{4}$$

$$= \frac{1 + 2}{4}$$

$$= \frac{3}{4}.$$

Para saber cuánto le falta al otro plato para que la balanza se equilibre, calculamos $\frac{3}{4} - \frac{1}{8}$.

Consideramos el denominador más grande, en este caso 8.

Calculamos sus múltiplos hasta encontrar el primero que sea múltiplo de 4.

Como $1 \times 8 = 8$ sí es múltiplo de 4, ya que $2 \times 4 = 8$, entonces 8 es un denominador común.

Multiplicamos el numerador y el denominador de $\frac{3}{4}$ por 2:

$$\frac{3}{4} = \frac{3 \times 2}{4 \times 2} = \frac{6}{8}.$$

Así

$$\frac{3}{4} - \frac{1}{8} = \frac{6}{8} - \frac{1}{8}$$

$$= \frac{6-1}{8}$$

$$= \frac{5}{8}.$$

Así debemos colocar un costal que contenga $\frac{5}{8}$ de kilogramo de café.

Ejercicios

1. $\frac{5}{2} + \frac{7}{3}$ 3. $\frac{15}{8} + \frac{13}{6}$ 5. $\frac{23}{12} - \frac{17}{10}$

2. $\frac{31}{14} + \frac{6}{7}$ 4. $\frac{9}{5} - \frac{4}{3}$ 6. $\frac{16}{6} - \frac{14}{9}$

Problemas

1. De las piezas dentales de un adulto, los premolares y molares sirven para moler. Un cuarto del total son premolares, mientras que $\frac{3}{8}$ son molares. ¿Qué fracción del total de las piezas dentales sirven para moler?

2. La parte superior de la columna vertebral consta de las vértebras cervicales y torácicas. Si $\frac{7}{26}$ son cervicales y $\frac{6}{13}$ son torácicas, ¿qué fracción de las vértebras se encuentran en la parte superior de la columna?

3. La mayor parte de los huesos de una extremidad superior se encuentran en la mano. $\frac{4}{15}$ de ellos forman el carpo, $\frac{1}{6}$ el metacarpo y $\frac{7}{15}$ las falanges. ¿Qué fracción de los huesos de la extremidad superior forman la mano?

4. Las costillas falsas son $\frac{5}{12}$ del total de las costillas. Si $\frac{1}{6}$ del total de las costillas son flotantes, ¿qué fracción del total de las costillas son falsas pero no son flotantes?

5. Para la elaboración de un pantalón, Lupe compró $\frac{5}{3}$ metros de paño de lana y $\frac{75}{100}$ metros de forro, ¿cuánto compró en total?

6. En 1986, en México, $\frac{1}{4}$ de la población económicamente activa se dedicaba a la agricultura, silvicultura y pesca, $\frac{1}{50}$ a la minería y $\frac{3}{100}$ al transporte y comunicaciones. ¿Qué fracción se dedicaba a actividades distintas a las mencionadas?

7. Un huevo de avestruz pesa $\frac{3}{2}$ kilogramos y un huevo de gallina pesa $\frac{31}{500}$ kilogramos. ¿Cuál es la diferencia entre los pesos?

8. Durante un viaje, Leticia se enfermó. Había recorrido $\frac{1}{4}$ del viaje cuando se sintió mal. Fue cuando había recorrido $\frac{4}{9}$ del total cuando encontró un dispensario médico. ¿Qué fracción del viaje hizo desde que se sintió mal hasta que encontró el dispensario?

9. El periodo de gestación de una jirafa oscila entre $\frac{7}{6}$ años y $\frac{5}{4}$ años. ¿Cuál es la diferencia entre ambas cantidades?

10. Un tapete mide $\frac{59}{25}$ metros de ancho y $\frac{153}{50}$ metros de largo. ¿Cuántos metros de bies se requieren para ribetear el tapete?

11. En uno de los platos de una balanza hay dos bolsas de azúcar, una contiene $\frac{1}{3}$ de kilogramo y la otra $\frac{3}{4}$. En el otro plato hay una bolsa con $\frac{2}{3}$ de kilogramo de azúcar. Si queremos equilibrar la balanza debemos colocar otra bolsa en el plato donde hay sólo una, ¿cuánta azúcar debe contener?

Actividades: Suma o resta • Cuadrado mágico •
Avanza o retrocede • El de antes o el de ahora, sirven para lo mismo

Suma y resta de números mixtos

Rocío quiere hacer un pastel, pero como tiene muchos invitados quiere aumentar las cantidades. Si la receta dice $2\frac{1}{4}$ tazas de harina y quiere agregar $1\frac{1}{2}$ tazas más, ¿cuál es el total de harina que usará?

Solución:

Para saber la cantidad de harina que necesita, debe calcular
$$2\tfrac{1}{4} + 1\tfrac{1}{2}.$$

Escribimos los números mixtos como fracciones

$$2\tfrac{1}{4} = \frac{(2 \times 4) + 1}{4}$$
$$= \frac{8+1}{4}$$
$$= \frac{9}{4}$$

y

$$1\tfrac{1}{2} = \frac{(1 \times 2) + 1}{2}$$
$$= \frac{2+1}{2}$$
$$= \frac{3}{2}.$$

Ahora hacemos la suma

$$2\tfrac{1}{4} + 1\tfrac{1}{2} = \frac{9}{4} + \frac{3}{2}$$
$$= \frac{9 + (3 \times 2)}{4}$$
$$= \frac{9 + 6}{4}$$
$$= \frac{15}{4}$$
$$= 3\tfrac{3}{4}.$$

Así, Rocío necesita $3\tfrac{3}{4}$ tazas de harina.

Para sumar o restar números mixtos, escribimos cada uno de ellos como fracción y efectuamos la operación.

Ejemplos

1. Calcular $11\tfrac{3}{4} + 6\tfrac{5}{8}$.

Solución:

Escribimos los números mixtos como fracciones

$$11\tfrac{3}{4} = \frac{(11 \times 4) + 3}{4}$$
$$= \frac{44 + 3}{4}$$
$$= \frac{47}{4}$$

y

$$6\tfrac{5}{8} = \frac{(6 \times 8) + 5}{8}$$
$$= \frac{48 + 5}{8}$$
$$= \frac{53}{8}.$$

Ahora hacemos la suma

$$11\tfrac{3}{4} + 6\tfrac{5}{8} = \frac{47}{4} + \frac{53}{8}$$

$$= \frac{(47 \times 2) + 53}{8}$$

$$= \frac{94 + 53}{8}$$

$$= \frac{147}{8}$$

$$= 18\tfrac{3}{8}.$$

2. Calcular $7\tfrac{3}{5} - 4\tfrac{7}{9}$.

Solución:

Escribimos los números mixtos como fracciones

$$7\tfrac{3}{5} = \frac{(7 \times 5) + 3}{5}$$

$$= \frac{35 + 3}{5}$$

$$= \frac{38}{5}$$

y

$$4\tfrac{7}{9} = \frac{(4 \times 9) + 7}{9}$$

$$= \frac{36 + 7}{9}$$

$$= \frac{43}{9}.$$

Ahora efectuamos la resta

$$7\tfrac{3}{5} - 4\tfrac{7}{9} = \frac{38}{5} - \frac{43}{9}$$

$$= \frac{(38 \times 9) - (43 \times 5)}{45}$$

$$= \frac{342 - 215}{45}$$

$$= \frac{127}{45}$$

$$= 2\tfrac{37}{45}.$$

Así, $\qquad 7\tfrac{3}{5} - 4\tfrac{7}{9} = 2\tfrac{37}{45}.$

Ejercicios

Efectúa las siguientes operaciones.

1. $12\frac{4}{9} - 10\frac{2}{3}$ 3. $35\frac{8}{15} - 23\frac{1}{2}$ 5. $21\frac{3}{5} + 15\frac{1}{3}$

2. $5\frac{7}{12} + 9\frac{3}{4}$ 4. $13\frac{5}{6} - 8\frac{11}{18}$

Problemas

1. Irene está cortando tela para elaborar servilletas. Si al inicio de la labor tenía $5\frac{1}{7}$ metros de tela y ya ha utilizado $3\frac{1}{5}$ metros, ¿cuánta tela le queda por usar?

2. En un horno de tabiques, han cargado para entrega $6\frac{3}{8}$ camiones. Si en total deben cargar $17\frac{5}{6}$ camiones, ¿cuánto les falta por cargar?

3. La semana pasada el kilogramo de jitomate costaba $12\frac{1}{2}$ pesos. Debido a la sequía, esta semana cuesta $15\frac{1}{4}$ pesos. ¿Cuánto aumentó el costo del kilogramo de jitomate?

4. Un empacador ha llenado $17\frac{1}{5}$ cajas de tornillos de $\frac{1}{2}$ pulgada, $6\frac{3}{4}$ cajas de tornillos de 2 pulgadas y $11\frac{1}{2}$ cajas de tornillos de $1\frac{3}{4}$ pulgadas. ¿Cuántas cajas ha empacado?

5. En uno de los platos de una balanza hay dos costales de frijol, uno contiene $15\frac{1}{2}$ kilogramos y el otro $6\frac{3}{4}$. En el otro plato hay un costal con $10\frac{1}{8}$ kilogramos de frijol. Si queremos equilibrar la balanza debemos colocar otro costal en el plato donde hay sólo uno, ¿cuánto frijol debe contener?

6. El atleta ruso Andréi Silnov posee el récord olímpico de salto de altura que obtuvo en Beijing 2008 habiendo alcanzado una altura de $2\frac{18}{50}$ metros. El canguro rojo macho puede saltar $3\frac{3}{10}$ metros. ¿Cuál es la diferencia entre ambos saltos?

7. Marte tarda $22\frac{5}{6}$ meses en dar la vuelta al Sol y Venus tarda $8\frac{1}{10}$ meses. ¿Cuántos meses más tarda Marte que Venus?

8. Eugenia está cocinando un pastel que requiere $1\frac{1}{4}$ horas de tiempo de horneado. Si lleva media hora en el horno, ¿cuánto tiempo falta para el que pastel esté listo?

9. Rosa María está preocupada porque su bebé está pequeñito. Durante la revisión médica el doctor le dice: Su bebé pesa $8\frac{1}{5}$ kilogramos, vamos a aumentar su alimentación y espero que en su siguiente visita haya aumentado $1\frac{1}{2}$ kilogramos. ¿Cuánto deberá pesar el bebé para su siguiente revisión médica?

10. La distancia de la Ciudad de México a Orizaba es de $276\frac{4}{5}$ kilómetros y la de Orizaba a Coatzacoalcos es de $419\frac{23}{25}$ kilómetros. ¿Qué distancia hay de la Ciudad de México a Coatzacoalcos pasando por Orizaba?

11. Dos ciclistas recorren en la primera etapa de una competencia, uno $22\frac{3}{10}$ kilómetros, mientras que el otro, $22\frac{1}{4}$ kilómetros. ¿Quién ha recorrido más? ¿Cuántos kilómetros más?

Actividades: Refrán • Completa

División de fracciones

¿Cuánto es la mitad de $\frac{3}{4}$?

Solución:

Dibuja una banda de cuartos e ilumina $\frac{3}{4}$.

Dobla a la mitad la parte iluminada.

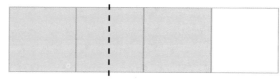

Ahora coloca la banda de octavos debajo de ésta y observa que la mitad de $\frac{3}{4}$ es $\frac{3}{8}$.

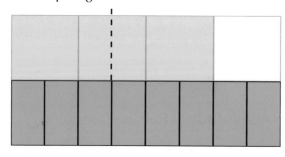

Es decir, $\dfrac{3}{4} \div 2 = \dfrac{3}{8}$.

Observamos que

$$\dfrac{3}{4} \times \dfrac{1}{2} = \dfrac{3 \times 1}{4 \times 2}$$
$$= \dfrac{3}{8},$$

entonces $\dfrac{3}{4} \div 2 = \dfrac{3}{4} \times \dfrac{1}{2}$.

Decimos que $\dfrac{1}{2}$ es el recíproco de 2.

En general, dividir una fracción entre otra fracción es igual a multiplicar la primera fracción por el recíproco de la segunda. El recíproco de una fracción se obtiene intercambiando el numerador y el denominador. Así, por ejemplo:

❖ El recíproco de $\dfrac{3}{4}$ es $\dfrac{4}{3}$.

❖ El recíproco de 5 es $\dfrac{1}{5}$, ya que $5 = \dfrac{5}{1}$.

Ejemplos

1. Utiliza las bandas para encontrar $\dfrac{6}{10} \div 3$.

Solución:

Hacemos una banda de décimos y coloreamos $\dfrac{6}{10}$.

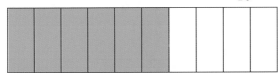

Dividimos $\dfrac{6}{10}$ en tres partes iguales.

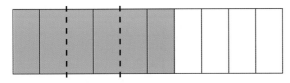

Colocamos la banda de quintos debajo de ésta y observamos que la tercera parte de $\dfrac{6}{10}$ es $\dfrac{1}{5}$.

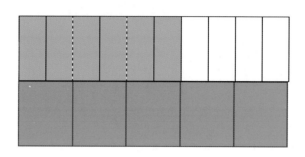

Es decir, $\dfrac{6}{10} \div 3 = \dfrac{1}{5}$.

Observamos que $\dfrac{6}{10} \times \dfrac{1}{3} = \dfrac{3}{5} \times \dfrac{1}{3}$

$$= \dfrac{3 \times 1}{5 \times 3}$$

$$= \dfrac{1}{5},$$

de donde $\qquad \dfrac{6}{10} \div 3 = \dfrac{6}{10} \times \dfrac{1}{3} = \dfrac{1}{5}$.

2. Calcula $\dfrac{5}{3} \div 4$.

Solución:

Escribimos

$$\dfrac{5}{3} \div 4 = \dfrac{5}{3} \times \dfrac{1}{4}$$

$$= \dfrac{5 \times 1}{3 \times 4}$$

$$= \dfrac{5}{12}$$

3. Calcula $\dfrac{1}{3} \div \dfrac{1}{2}$.

Solución:

$$\dfrac{1}{3} \div \dfrac{1}{2} = \dfrac{1}{3} \times \dfrac{2}{1}$$

$$= \dfrac{1 \times 2}{3 \times 1}$$

$$= \dfrac{2}{3}$$

4. Calcula $\dfrac{4}{7} \div \dfrac{2}{5}$.

Solución:

$$\frac{4}{7} \div \frac{2}{5} = \frac{4}{7} \times \frac{5}{2}$$

$$= \frac{4 \times 5}{7 \times 2}$$

$$= \frac{2 \times 5}{7}$$

$$= \frac{10}{7}.$$

NOTA: Para calcular $\frac{4}{7} \div \frac{2}{5}$, podemos efectuar los productos siguiendo el siguiente esquema:

$$\frac{4}{7} \div \frac{2}{5} = \frac{4 \times 5}{7 \times 2} = \frac{2 \times 5}{7} = \frac{10}{7}$$

y obtenemos el mismo resultado.

Entonces, podemos elegir entre multiplicar por el recíproco o efectuar los productos cruzados.

Otra manera de escribir lo anterior es:

$$\left(\frac{\frac{4}{7}}{\frac{2}{5}}\right) = \frac{4 \times 5}{7 \times 2} = \frac{2 \times 5}{7} = \frac{10}{7}.$$

Es decir, el resultado es la fracción formada por el producto de los extremos entre el producto de los medios.

Esta última forma es útil para simplificar expresiones algebraicas.

Ejemplos

1. Calcula $\frac{6}{11} \div \frac{3}{7}$.

Solución:

Podemos resolver de cualquiera de las tres formas:

$$\frac{6}{11} \div \frac{3}{7} = \frac{6 \times 7}{11 \times 3} = \frac{2 \times 7}{11} = \frac{14}{11}$$

2. Calcula $\frac{8}{5} \div \frac{4}{9}$.

Solución:

Podemos resolver de cualquiera de las tres formas:

$$\left(\frac{\frac{8}{5}}{\frac{4}{9}}\right) = \frac{8 \times 9}{5 \times 4} = \frac{2 \times 9}{5} = \frac{18}{5}$$

3. Calcula $\frac{2}{3} \div \frac{1}{8}$.

Solución:

Podemos resolver de cualquiera de las tres formas: $\dfrac{2}{3} \div \dfrac{1}{8} = \dfrac{2 \times 8}{3 \times 1}$

$$= \frac{16}{3}$$

4. Calcula $\frac{7}{2} \div \frac{5}{3}$.

Solución:

Podemos resolver de cualquiera de las tres formas:

$$\frac{7}{2} \div \frac{5}{3} = \frac{\frac{7}{2}}{\frac{5}{3}}$$

$$= \frac{7 \times 3}{2 \times 5}$$

$$= \frac{21}{10}.$$

Ejercicios

Efectúa las siguientes operaciones.

1. $\frac{9}{4} \div 6$

2. $\frac{14}{3} \div \frac{12}{7}$

3. $\frac{5}{6} \div \frac{7}{6}$

4. $\frac{3}{5} \div \frac{9}{4}$

5. $\frac{8}{3} \div \frac{6}{5}$

Problemas

1. Doménicos Theotocópoulos, mejor conocido como *El Greco,* famoso pintor del Renacimiento, nació en Creta en 1541 y murió en Toledo en 1614. *El caballero de la mano en el pecho*

es una de sus obras, es rectangular, tiene un área de $\dfrac{1353}{2500}$ m²
y un ancho de $\dfrac{33}{50}$ m. ¿Cuánto mide de largo?

2. Una hoja de papel tamaño carta tiene un área de $\dfrac{2365}{4}$ cm². Si
el ancho de la hoja mide $\dfrac{43}{2}$ cm, ¿cuál es la medida del largo?

3. Vincent van Gogh, famoso pintor holandés (1853-1890), cuenta entre sus obras más conocidas con una serie de cuadros llamados *Los girasoles*. Uno de ellos se encuentra en la Galería Nacional de Londres, tiene un área de $\dfrac{837}{1250}$ m² y el largo mide $\dfrac{93}{100}$ m. ¿Cuánto mide de ancho?

4. Durante las olimpiadas de 1968 celebradas en México, el maratón lo ganó el etíope Mamo Wolde con un tiempo de $\dfrac{7}{3}$ horas. El recorrido oficial del maratón es de $\dfrac{8439}{200}$ km. ¿Cuál fue su velocidad promedio, en kilómetros por hora?

5. De una cinta de tela de $\dfrac{63}{100}$ m de largo, se desea cortar pedacitos de $\dfrac{3}{200}$ m. ¿Cuántos pedacitos se obtendrán?

6. Si te lavas los dientes cerrando la llave cuando te cepillas, gastas $\dfrac{3}{2}$ litros de agua. Divide esta cantidad entre $\dfrac{5}{100}$ y sabrás cuántos litros se gastan cuando la llave permanece abierta.

7. 9 kilogramos del peso de Manuel corresponden al agua que contiene su cuerpo. Divide entre $\dfrac{1}{7}$ y conocerás el peso de Manuel.

8. El peso de Diana en la Luna es de $\dfrac{15}{2}$ kilogramos. Para saber cuánto pesa en la Tierra, divide entre $\dfrac{1}{6}$.

9. Hace 85 millones de años vivió una familia de aves elefante que aunque eran aves no volaban. Su nombre científico es *Aepyornithidae*, que significa ave alta. Sus huevos tenían una capacidad de $\dfrac{17}{2}$ de litro. Si el huevo de un avestruz puede contener $\dfrac{6}{5}$ de litro, ¿cuántas veces más capacidad tenía el huevo de un ave elefante?

10. Raimundo da pasos de $\dfrac{3}{4}$ de metro. ¿Cuántos pasos necesita dar para recorrer $\dfrac{21}{4}$ de metro?

Actividad: Laberinto

División de números mixtos

El colibrí verde puede volar $88\frac{1}{2}$ kilómetros en una hora. ¿Cuánto puede volar en un minuto?

Solución:

Puesto que una hora tiene 60 minutos, debemos efectuar la división $88\frac{1}{2} \div 60$.

Para ello, escribimos el número mixto como fracción

$$88\tfrac{1}{2} = \frac{(88 \times 2) + 1}{2}$$
$$= \frac{176 + 1}{2}$$
$$= \frac{177}{2}.$$

Ahora escribimos 60 como fracción: $60 = \frac{60}{1}$,

entonces
$$88\tfrac{1}{2} \div 60 = \frac{177}{2} \div \frac{60}{1}$$
$$= \frac{177}{2} \times \frac{1}{60}$$
$$= \frac{177 \times 1}{2 \times 60}$$
$$= \frac{59 \times 3 \times 1}{2 \times 20 \times 3}$$
$$= \frac{59}{2 \times 20}$$
$$= \frac{59}{40}$$
$$= 1\tfrac{19}{40}.$$

El colibrí verde puede volar $1\frac{19}{40}$ kilómetros en un minuto.

Para dividir dos números mixtos, los escribimos como fracciones impropias y después realizamos la división.

Ejemplos

1. Calcular $2\frac{1}{4} \div 6\frac{2}{3}$.

Solución:

Escribimos los números mixtos como fracciones:

$$2\frac{1}{4} = \frac{(2 \times 4) + 1}{4}$$
$$= \frac{8 + 1}{4}$$
$$= \frac{9}{4}$$

y

$$6\frac{2}{3} = \frac{(6 \times 3) + 2}{3}$$
$$= \frac{18 + 2}{3}$$
$$= \frac{20}{3}.$$

Ahora hacemos la división:

$$2\frac{1}{4} \div 6\frac{2}{3} = \frac{9}{4} \div \frac{20}{3}$$
$$= \frac{9}{4} \times \frac{3}{20}$$
$$= \frac{9 \times 3}{4 \times 20}$$
$$= \frac{27}{80}.$$

Por tanto, $\quad 2\frac{1}{4} \div 6\frac{2}{3} = \frac{27}{80}.$

2. Calcular $12\frac{4}{5} \div 4\frac{2}{3}$.

Solución:

Escribimos los números mixtos como fracciones:

$$12\frac{4}{5} = \frac{(12 \times 5) + 4}{5}$$
$$= \frac{60 + 4}{5}$$
$$= \frac{64}{5}$$

y

$$4\frac{2}{3} = \frac{(4 \times 3) + 2}{3}$$
$$= \frac{12 + 2}{3}$$
$$= \frac{14}{3}.$$

Entonces

$$12\frac{4}{5} \div 4\frac{2}{3} = \frac{64}{5} \div \frac{14}{3}$$
$$= \frac{64}{5} \times \frac{3}{14}$$
$$= \frac{32 \times 2 \times 3}{5 \times 7 \times 2}$$
$$= \frac{32 \times 3}{5 \times 7}$$
$$= \frac{96}{35}$$
$$= 2\frac{26}{35}.$$

Así, $\qquad 12\frac{4}{5} \div 4\frac{2}{3} = 2\frac{26}{35}.$

3. Calcular $18\frac{3}{4} \div 3\frac{1}{8}$.

Solución:

Escribimos los números mixtos como fracciones

$$18\tfrac{3}{4}=\frac{(18\times 4)+3}{4}$$

$$=\frac{72+3}{4}$$

$$=\frac{75}{4}$$

y

$$3\tfrac{1}{8}=\frac{(3\times 8)+1}{8}$$

$$=\frac{24+1}{8}$$

$$=\frac{25}{8},$$

de donde

$$18\tfrac{3}{4}\div 3\tfrac{1}{8}=\frac{75}{4}\div\frac{25}{8}$$

$$=\frac{75}{4}\times\frac{8}{25}$$

$$=\frac{25\times 3\times 4\times 2}{4\times 25}$$

$$=3\times 2$$

$$=6.$$

Por tanto, $18\tfrac{3}{4}\div 3\tfrac{1}{8}=6$.

Ejercicios

Efectúa las siguientes divisiones.

1. $8\tfrac{3}{5}\div 4\tfrac{4}{9}$

3. $41\tfrac{2}{3}\div 4\tfrac{1}{6}$

5. $38\tfrac{6}{7}\div\dfrac{9}{11}$

2. $26\tfrac{11}{14}\div 5$

4. $74\tfrac{5}{13}\div 8\tfrac{3}{4}$

6. $52\tfrac{3}{10}\div 21\tfrac{7}{10}$

Problemas

1. El puercoespín crestado de Sumatra puede vivir hasta $27\tfrac{1}{4}$ años, mientras que una ardilla voladora siberiana puede vivir

hasta $3\frac{3}{4}$ años. ¿Cuántas veces más puede vivir el puercoespín que la ardilla?

2. El producto de los periodos de gestación de un chimpancé y un gorila es $63\frac{3}{4}$ meses. Si el periodo de gestación del chimpancé es de $7\frac{1}{2}$ meses, ¿cuál es el periodo de gestación del gorila?

3. En 2003 la atleta Paula Radcliffe, del Reino Unido, participó en la prueba del maratón, cuyo recorrido es de $42\frac{39}{20}$ km, con un tiempo de $2\frac{1}{4}$ horas. ¿Qué velocidad promedio hizo en el recorrido?

4. En un camino de $122\frac{2}{5}$ km se quiere colocar una señal cada $1\frac{7}{10}$ km. ¿Cuántas señales son necesarias incluyendo la del inicio y la del final?

5. El recorrido de una carrera de caballos es de $1307\frac{3}{5}$ m, lo cual equivale a $6\frac{1}{2}$ furlongs. Esta última es una medida inglesa comúnmente usada para las carreras de caballos. ¿Cuántos metros mide un furlong?

6. Josefina cocinó $13\frac{1}{2}$ kilogramos de verduras en conserva para regalarlos a sus amistades y quiere envasarlos en frasquitos de $\frac{1}{4}$ de kilo. ¿Cuántos frasquitos puede llenar?

7. Arturo cosechó $27\frac{1}{5}$ toneladas de arroz en $8\frac{1}{2}$ parcelas. ¿Cuánto produjo cada parcela?

8. Una alberca ocupa un espacio de $5\frac{7}{25}$ metros cuadrados. Si de ancho mide $2\frac{1}{5}$ metros, ¿cuánto mide de largo?

9. Para hacer un pastel de aniversario, Natalia utilizó $8\frac{1}{4}$ tazas de harina. Si la receta decía $2\frac{3}{4}$ tazas de harina, ¿cuántos tantos preparó?

10. ¿Cuántas botellas de $\frac{5}{2}$ litros pueden llenarse con una barrica de aceite de 150 litros?

Razones y proporciones I

Razones

Un camello recorre una distancia de 32 kilómetros en 60 minutos. Escribe la razón que representa la situación anterior.

Solución:

Para relacionar la distancia recorrida con el tiempo que ha empleado, escribimos

$$\frac{32}{60} \quad \begin{array}{l} \longleftarrow \text{kilómetros} \\ \hline \longleftarrow \text{minutos} \end{array}$$

La fracción $\frac{32}{60}$ la llamamos la razón de kilómetros a minutos. También podemos escribir la fracción $\frac{60}{32}$ para indicar la razón de minutos a kilómetros, es decir

$$\frac{60}{32} \quad \begin{array}{l} \longleftarrow \text{minutos} \\ \hline \longleftarrow \text{kilómetros} \end{array}$$

La razón entre dos números representa el cociente o fracción de ellos. Puesto que tenemos dos cantidades, es posible formar dos cocientes. Cuando solamente se pide formar una razón, cualquiera de ellas debe considerarse correcta. Aunque comúnmente hacemos razones utilizando números enteros, es posible considerar números cualesquiera.

Ejemplos

1. En una orquesta sinfónica hay 100 instrumentos de los cuales 60 son instrumentos de cuerdas. Escribe la razón de los instrumentos de cuerdas al total de instrumentos de la orquesta.

Solución:

$$\frac{60}{100} \qquad \overset{\longleftarrow\text{ instrumentos de cuerdas}}{\longleftarrow\text{ total de instrumentos}}$$

La razón del número de instrumentos de cuerdas al total de instrumentos de la orquesta es $\frac{60}{100}$.

Observamos que en este caso se especifica que se quiere la razón de instrumentos de cuerdas con respecto al total de instrumentos, por lo que solamente escribimos la razón que corresponde a tal especificación, es decir, no debemos calcular la otra razón.

2. 7 boletos de metro cuestan 21 pesos. Escribe la razón de boletos a pesos.

Solución:

$$\frac{7}{21} \qquad \overset{\longleftarrow\text{ boletos}}{\longleftarrow\text{ pesos}}$$

Observamos que

$$\frac{7}{21}=\frac{1}{3} \qquad \overset{\longleftarrow\text{ boletos}}{\longleftarrow\text{ pesos}}$$

Así, la razón de boletos a pesos es $\frac{1}{3}$, es decir, un boleto cuesta 3 pesos.

3. Un caracol de jardín puede recorrer 49 metros en 60 minutos. Escribe las dos razones que se pueden formar con los datos anteriores.

Solución:

$$\frac{49}{60} \quad \xleftarrow{\text{metros}}$$

la razón de metros a minutos es $\frac{49}{60}$ y

$$\frac{60}{49} \quad \xleftarrow{\text{minutos}}$$

la razón de minutos a metros es $\frac{60}{49}$.

Ejercicios

Escribe una razón que relacione las cantidades en cada situación.

1. Un automóvil recorre 140 kilómetros por cada 10 litros de gasolina.
2. Para hacer 2 litros de agua de limón se necesitan 6 limones.
3. El esqueleto humano tiene 12 pares de costillas, de los cuales 2 pares son flotantes.
4. 16 de cada 100 gramos de nuestro peso es piel.
5. Hay 15 años en 3 lustros.
6. La Tierra gira sobre su eje 1 vez cada 24 horas.
7. Hay 4 estaciones en 365 días.
8. De los 206 huesos que forman el esqueleto humano, 60 se encuentran en los brazos.
9. En la olimpiada de Barcelona, España, en 1992, hubo 9385 participantes. La delegación española, la más grande, estaba formada por 422 deportistas.
10. La II Olimpiada de la era moderna se realizó en 1900 en París, Francia. Participaron 1221 deportistas, de ellos, 23 eran mujeres.

Actividades: Memorama • Tira, construye y colorea

Razones y proporciones II

Proporciones

El corazón de un adulto late aproximadamente 70 veces en 60 segundos. Escribe la proporción que representa el número de pulsaciones en 60 y 120 segundos.

Solución:

Con los datos del problema podemos hacer la tabla siguiente:

pulsaciones	70	140	210	280	350
segundos	60	120	180	240	300

Entonces, podemos escribir las razones:

$$\frac{70}{60}, \frac{140}{120}, \frac{210}{180}, \frac{280}{240} \text{ y } \frac{350}{300}.$$

En particular, si consideramos:

$$\frac{70}{60} \text{ y } \frac{140}{120},$$

observamos que las dos fracciones son equivalentes, ya que si realizamos los productos cruzados, obtenemos:

$$70 \times 120 = 8400 \text{ y } 60 \times 140 = 8400.$$

Como las dos fracciones son iguales, decimos que forman una proporción.

La proporción es: $\dfrac{70}{60} = \dfrac{140}{120}$.

Cuando al formar dos razones obtenemos que las fracciones que las representan son equivalentes, entonces decimos que la pareja de razones forma una proporción. El uso de proporciones será útil para la resolución de problemas en los que se usa la llamada "regla de tres".

Ejemplos

1. Escribe dos proporciones que representen la siguiente situación: en el planeta, por cada parte de tierra, hay aproximadamente 3 partes de agua.

Solución:

Una razón que representa la situación presentada es: $\dfrac{1}{3}$,

entonces, puesto que las fracciones: $\dfrac{2}{6}$ y $\dfrac{3}{9}$
son equivalentes a la razón dada, entonces dos proporciones son:

$$\frac{1}{3} = \frac{2}{6} \quad \text{y} \quad \frac{1}{3} = \frac{3}{9}.$$

Observamos que es posible escribir una infinidad de fracciones equivalentes a la fracción $\dfrac{1}{3}$, por lo que solamente hemos dado la respuesta más sencilla.

2. Las razones $\dfrac{2}{7}$ y $\dfrac{24}{84}$, ¿forman una proporción?

Solución:

Calculamos los productos cruzados: 2×84 y 7×24.

Puesto que $\qquad 2 \times 84 = 168$

$\qquad\qquad\qquad 7 \times 24 = 168,$

entonces las razones dadas sí forman una proporción.

3. Las razones $\dfrac{3}{5}$ y $\dfrac{18}{25}$ ¿forman una proporción?

Solución:

Calculamos los productos cruzados: $3 \times 25 \qquad$ y $\qquad 5 \times 18$.

Puesto que $3 \times 25 = 75$

y $\qquad\qquad 5 \times 18 = 90,$

son distintos, entonces las fracciones no son equivalentes, es decir, no forman una proporción.

4. Escribe el número que falta en $\dfrac{2}{6} = \dfrac{\square}{36}$ para completar la proporción.

Solución:

Ponemos n en el lugar que debe escribirse el número buscado:

$$\frac{2}{6} = \frac{n}{36}$$

Escribimos los productos cruzados:

$2 \times 36 \qquad$ y $\qquad 6 \times n$.

Puesto que $2 \times 36 = 72,$

para que los productos cruzados coincidan, debemos tener:

$$6 \times n = 72,$$

y el número que satisface es: $\quad n = 12$.

Entonces la proporción es: $\quad \dfrac{2}{6} = \dfrac{12}{36}$.

5. Escribe el número que falta en $\dfrac{5}{8} = \dfrac{35}{\square}$ para completar la proporción.

Solución:

Para tener una proporción las dos fracciones deben ser equivalentes, entonces como

$$5 \times 7 = 35,$$

debemos multiplicar también por 7 el denominador de la fracción $\frac{5}{8}$, es decir 8,

$$\text{así } 8 \times 7 = 56.$$

La proporción es $\frac{5}{8} = \frac{35}{56}$.

6. Escribe el número que falta en $\frac{108}{81} = \frac{12}{\square}$ para completar la proporción.

Solución:

Para tener una proporción las dos fracciones deben ser equivalentes, entonces como

$$12 = 108 \div 9,$$

debemos dividir también entre 9 el denominador de la fracción $\frac{108}{81}$, es decir 81,

$$\text{así } 81 \div 9 = 9.$$

La proporción es $\frac{108}{81} = \frac{12}{9}$.

7. Escribe el número que falta en $\frac{64}{96} = \frac{2}{\square}$ para completar la proporción.

Solución:

Pongamos n en el lugar que debe escribirse el número buscado:

$$\frac{64}{96} = \frac{2}{n}$$

Escribimos los productos cruzados: $64 \times n \quad$ y $\quad 96 \times 2$.

Puesto que $2 \times 96 = 192$,

para que los productos cruzados coincidan, debemos tener:

$$64 \times n = 192,$$

y el número que satisface es: $n = 3$.

Entonces la proporción es $\dfrac{64}{96} = \dfrac{2}{3}$.

Ejercicios

En cada caso indica si las razones dadas forman una proporción.

1. $\dfrac{4}{7}$ y $\dfrac{12}{21}$

2. $\dfrac{5}{3}$ y $\dfrac{65}{39}$

3. $\dfrac{2}{9}$ y $\dfrac{12}{52}$

4. $\dfrac{11}{4}$ y $\dfrac{66}{24}$

5. $\dfrac{168}{154}$ y $\dfrac{12}{11}$

Escribe el número que falta en cada igualdad para completar la proporción.

6. $\dfrac{69}{46} = \dfrac{3}{\Box}$

7. $\dfrac{404}{18} = \dfrac{\Box}{9}$

8. $\dfrac{85}{65} = \dfrac{\Box}{13}$

9. $\dfrac{196}{140} = \dfrac{7}{\Box}$

10. $\dfrac{248}{96} = \dfrac{\Box}{12}$

Problemas

1. En un paquete vienen 5 carritos y cuesta 12 pesos el paquete. Luis quiere saber cuánto cuestan 2 carritos. Escribe la proporción correspondiente y resuelve.

2. En la panadería de Ignacio 3 personas producen 150 panes diarios. Para una fiesta le encargaron 400 panes. ¿Cuántas personas necesita para elaborarlos?

3. Una familia de 7 personas gasta 1000 litros de agua en 8 días. Debido a la sequía esta semana sólo contarán con 750 litros. Si no disminuyen el consumo de agua, ¿para cuántos días tendrán agua?

4. Si 8 duraznos cuestan lo mismo que 5 manzanas, ¿cuántas manzanas podré comprar con el importe exacto de la compra de 296 duraznos?

5. En la sangre de Raquel hay 14.6 gramos de hemoglobina

por decilitro. ¿Cuántos gramos de hemoglobina tendrá su cuerpo si se sabe que tiene 4.5 litros de sangre?

6. Un empresario pagó 38 800 pesos por concepto de nómina quincenal a sus 17 trabajadores. Suponiendo que todos tienen el mismo sueldo, ¿cuál sería el monto para la quincena siguiente si contratara 12 empleados más?

7. En cierto momento del día, un hombre de 1.80 metros de estatura proyecta una sombra de 60 centímetros. ¿Qué longitud tendrá la sombra de un poste de 9 metros de altura?

8. En un recipiente hay 20 litros de agua y un kilogramo de azúcar. ¿Qué cantidad debemos tomar para garantizar que en la mezcla haya solamente 300 gramos de azúcar?

9. María puede confeccionar una cortina usando 6 metros de tela de 1.5 metros de ancho. ¿Cuántas cortinas puede confeccionar con 21 metros de tela?

10. En una fábrica de alfileres de seguridad, el departamento de control de calidad tomó una muestra de 200 alfileres, de los cuales 5 resultaron defectuosos. En 600 alfileres, ¿cuántos se espera que puedan estar defectuosos?

Porcentajes

Un niño de 11 años necesita consumir diariamente 2100 calorías. La comida de mediodía le proporcionó 50% de las calorías. ¿Qué fracción de calorías ha cubierto?

Solución:

50% representa la razón $\dfrac{50}{100}$.

$$\text{Esta fracción es} \qquad \frac{50}{100} = \frac{5 \times 10}{10 \times 10}$$

$$= \frac{5 \times 10}{2 \times 5 \times 10}$$

$$= \frac{1}{2}$$

$$\text{y también} \qquad \frac{50}{100} = 0.5.$$

Ha cubierto 0.5 de las calorías necesarias, es decir, ha cubierto $\dfrac{1}{2}$ de las calorías necesarias.

Encontrar un porcentaje es hallar cuántas partes de 100 se consideran, es decir, qué fracción del total se está tomando en cuenta.

Ejemplos

1. ¿Qué fracción representa 75%?

Solución:

75% representa la razón $\dfrac{75}{100}$

$$\text{y} \qquad \begin{aligned} \frac{75}{100} &= \frac{15 \times 5}{20 \times 5} \\ &= \frac{3 \times 5 \times 5}{4 \times 5 \times 5} \\ &= \frac{3}{4}. \end{aligned}$$

2. ¿Qué decimal representa 34%?

Solución:

34% representa la razón $\dfrac{34}{100}$

$$\text{y} \qquad \frac{34}{100} = 0.34.$$

Por tanto, el decimal 0.34 representa 34%.

3. ¿Qué porcentaje representa $\dfrac{52}{100}$?

Solución:

$\dfrac{52}{100}$ significa 52 de cada 100, entonces $\dfrac{52}{100}$ representa 52%.

4. ¿Qué porcentaje representa 0.15?

Solución:

Como $0.15 = \dfrac{15}{100}$,

y $\dfrac{15}{100}$ representa 15%, entonces 0.15 representa 15%.

5. Amalia quiere comprar una blusa que vio en un almacén cuyo costo era de 299 pesos. Al llegar a la tienda encuentra un letrero que dice "rebaja de 30% en toda la tienda". ¿Cuánto le costaría la blusa?

Solución:

Como la blusa tiene 30% de descuento, Amalia pagaría 70% del costo de la prenda. Entonces como $70\% = \dfrac{70}{100}$
$$= 0.7,$$
podemos calcular $\quad\quad\quad 299 \times 0.7 = 209.3.$

Amalia pagaría 209.30 pesos.

Otra manera de resolver el problema es calcular 30% de 299 y después restar el resultado a 299.
$$30\% = \dfrac{30}{100}$$
$$= 0.3$$
entonces $\quad\quad\quad 299 \times 0.3 = 89.7$

y ahora $\quad\quad\quad 299 - 89.7 = 209.3.$

6. En la sección de línea blanca de la tienda La Elegante, los refrigeradores están en oferta. Si un refrigerador tiene un letrero que dice 25% de descuento más 15% de descuento adicional; si el refrigerador cuesta 6500 pesos ¿cuál es el costo una vez efectuado el descuento? ¿Corresponde el descuento efectuado a 40%?

Solución:

Primero calculamos el costo del refrigerador con 25% de descuento, es decir, 75% del costo original:
$$6500 \times 0.75 = 4875$$

Ahora a 4875 debemos calcularle el descuento adicional de 15%, es decir, calculamos 85% de esta cantidad

$$4875 \times 0.85 = 4143.75$$

El costo del refrigerador es 4143.75 pesos.

Veamos ahora cuál sería el costo si se hace un descuento de 40%. Calculamos 60% del precio original, $6500 \times 0.60 = 3900$, entonces el descuento no corresponde a 40%.

Ejercicios

1. La ballena azul amamanta a su ballenato durante 7 meses. En ese lapso pierde 25% de su peso. Si al nacer la cría, la ballena pesa 120 000 kilogramos, ¿cuánto pesa la ballena al terminar la lactancia?

2. El ornitorrinco es un mamífero que mide aproximadamente 75 centímetros de largo. La cola es 15% de la longitud del animal. ¿Cuánto mide la cola?

3. El canguro rojo tiene un periodo de gestación de 272 días. El feto permanece en el útero 12.5% de esos días y el resto en la bolsa marsupial. ¿Cuántos días permanece en el útero y cuántos en la bolsa?

4. Rosita pesa 40 kilogramos. Si su piel es 16% del peso de su cuerpo, ¿cuál es el peso de su piel?

5. 55% de la sangre está constituido por el plasma, mientras que el 45% restante lo componen los glóbulos rojos, los glóbulos blancos y las plaquetas. Si el volumen de sangre de una persona es de 5.5 litros, ¿qué volumen corresponde al plasma?

6. Si 15% de una población de 260 pacientes seropositivos desarrollarán sida en un espacio de 5 años, ¿cuántos pacientes padecerán la enfermedad en ese lapso?

7. En un grupo de 1250 adultos, 1000 han padecido varicela. ¿Qué porcentaje de las personas no ha tenido varicela?

8. La leche materna está formada por 87% de agua, 2% de proteína, 4% de grasa y 7% de azúcar. Completa la siguiente tabla.

Cantidad de leche	2% de proteína	87% de agua	4% de grasa	7% de azúcar
200 ml				
240 ml				
300 ml				
360 ml				
1 l				

9. Alberto quiere comprar un pantalón de 800 pesos, pero está esperando las ofertas de verano. Si la oferta anunciada para el verano es 15% de descuento más 10% de descuento adicional, ¿cuánto pagará por el pantalón?

Actividades: Porcentajes bordados • Observa y calcula los porcentajes

Regla de tres

Directamente proporcional

El pelícano pardo recorre 60 kilómetros en 1 hora. ¿Qué distancia recorre en 5 horas?

Solución:

Tiempo en horas	Distancia recorrida en kilómetros
1	60
2	2×60

Para obtener la distancia recorrida en 2 horas, multiplicamos por 2 la distancia que recorre en 1 hora, entonces para obtener la distancia que recorre el pelícano en 5 horas, calculamos

$$5 \times 60 = 300.$$

El pelícano pardo recorre 300 kilómetros en 5 horas.

Observamos que la distancia recorrida es mayor si el tiempo de vuelo es mayor. En este caso decimos que la distancia y el tiempo son directamente proporcionales.

Dos cantidades son directamente proporcionales cuando al aumentar una la otra también aumenta, o bien si una disminuye la otra disminuye también.

Otra manera de resolver este problema es:

Consideramos la siguiente tabla

Tiempo en horas	Distancia recorrida
1	60
5	?

escribimos la proporción: $\dfrac{1}{5} = \dfrac{60}{\square}$.

Ponemos n en el lugar que debe escribirse el número buscado:
$$\frac{1}{5} = \frac{60}{n}$$

y resolvemos la proporción, es decir $n = \dfrac{60 \times 5}{1}$,

de donde $n = 300$.

El procedimiento anterior se conoce como regla de tres, observa que conociendo tres datos de una proporción podemos encontrar el cuarto.

Si quisiéramos saber cuántos kilómetros recorre en 8 horas, debemos multiplicar 60 por 8.

En general, para saber cuántos kilómetros recorre en cierta cantidad de horas, multiplicamos 60 por dicho número.

La regla de tres es el procedimiento por medio del cual encontramos el cuarto término de una proporción conociendo los tres restantes.

En la vida cotidiana la regla de tres aparece frecuentemente, de ahí la importancia del buen manejo de ésta desde la educación básica.

Ejemplos

1. Gabriela quiere saber cuántos metros mide el edificio en el que vive. Para saberlo Gabriela mide su sombra y la del edificio. La sombra de Gabriela mide 2 metros y la del edificio

mide 15 metros. Como Gabriela mide 1.60 metros, ¿qué tiene que hacer para saber la altura del edificio?

Solución:

	Estatura	Longitud de la sombra
Gabriela	1.60 m	2 m
Edificio	?	15 m

Para saber cuánto mide el edificio, escribimos la proporción:
$$\frac{1.60}{\Box} = \frac{2}{15}.$$

Ponemos n en el lugar que debe escribirse el número buscado:
$$\frac{1.60}{n} = \frac{2}{15}$$
y resolvemos la proporción, es decir $n = \dfrac{1.60 \times 15}{2}$,

de donde
$$n = \frac{24}{2}$$
entonces
$$n = 12.$$

El edificio tiene 12 metros de altura.

2. La abeja melífera vuela 40 kilómetros en 2 horas. ¿En cuánto tiempo recorre 120 kilómetros?

Solución:

Hacemos la tabla

Tiempo en horas	Distancia recorrida
2	40
?	120

escribimos la proporción: $\dfrac{2}{\Box} = \dfrac{40}{120}.$

Ponemos n en el lugar que debe escribirse el número buscado
$$\frac{2}{n} = \frac{40}{120}.$$

y resolvemos la proporción, es decir $n = \dfrac{120 \times 2}{40}$
$$= 3 \times 2,$$
de donde $\qquad\qquad\qquad n = 6.$

La abeja recorre 120 kilómetros en 6 horas.

3. La ballena azul recorre 90 kilómetros en 3 horas. ¿Cuántos kilómetros recorre por hora? ¿Cuántos metros en un segundo?

Solución:

Hacemos la tabla

Tiempo en horas	Distancia recorrida en kilómetros
3	90
1	?

escribimos la proporción: $\dfrac{3}{1} = \dfrac{90}{\square}$.

Ponemos n en el lugar que debe escribirse el número buscado
$$\frac{3}{1} = \frac{90}{n}$$
y resolvemos la proporción, es decir $n = \dfrac{90 \times 1}{3}$,
de donde $\qquad\qquad\qquad n = 30.$

La ballena azul recorre 30 kilómetros en una hora.

Puesto que una hora tiene 3600 segundos y un kilómetro 1000 metros, entonces la ballena recorre $30 \times 1000 = 30\,000$ metros en 3600 segundos. De donde, para saber cuántos metros recorre en un segundo, calculamos $\dfrac{30\,000}{3600} \approx 8.33$.

La ballena recorre aproximadamente 8.3 metros en un segundo.

Ejercicios

En la tabla siguiente aparecen las cantidades de calorías que aportan cierto número de gramos de algunos alimentos.

Alimento	Medida	Calorías
Atún en aceite	120 gr	300
Chicharrón	30 gr	150
Huachinango	120 gr	145
Jamón cocido	250 gr	250
Pulpa de res	240 gr	480
1 rebanada de pan de caja integral	36 gr	80
Refresco	250 ml	115
Queso *cottage*	100 gr	97
Queso parmesano	100 gr	431
Leche entera	250 ml	160
Huevo	60 gr	86
Plátano	150 gr	143
Melón	28 gr	7
Apio	40 gr	2

1. José comió 80 gramos de atún en aceite, ¿cuántas calorías comió?

2. ¿Cuántas calorías tienen 50 gramos de chicharrón?

3. ¿Cuántos gramos de carne de res se necesitan para tener 700 calorías?

4. ¿Cuántas calorías contienen 200 gramos de huachinango?

5. Durante la comida Felipe comió 70 gramos de huachinango y 40 de pulpa de res. ¿Cuántas calorías le aportará el huachinango que comió?

6. Pepito comió 40 gramos de jamón y Lucrecia 70 gramos de huachinango, ¿quién consumió más calorías?

7. Sofía consumió 120 calorías de atún, 60 de chicharrón y 200 de pulpa de res, ¿cuántos gramos de alimento ingirió en total?

8. Jacinto consumió 30 gramos de jamón y 140 calorías de atún en aceite mientras veía el partido de futbol. ¿Cuántos gramos de alimento comió y cuántas calorías en total?

9. María desayunó un huevo que pesaba 110 gr, un plátano de 120 gr y 300 ml de leche. ¿Cuántas calorías consumió?

10. Javier desayunó 200 gramos de plátano, 50 gramos de melón y dos rebanadas de jamón que pesaban 50 gramos. ¿Cuántas calorías de frutas consumió Javier?

Inversamente proporcional

Dos albañiles tardan 18 horas en construir una barda. ¿Cuánto tiempo tardará 1 albañil en construir la misma barda?

Solución:

Hacemos la tabla

Número de albañiles	Tiempo en horas
2	18
1	36

Para obtener el tiempo que utilizará en hacer la barda 1 albañil, multiplicamos por 2 el número de horas utilizadas por 2 albañiles.

Vemos que el número de albañiles se dividió entre 2 y el tiempo en horas se multiplicó por 2.

Observamos que si disminuye el número de albañiles aumenta el tiempo que tardan en construir la barda. Y si aumenta el número de albañiles, disminuye el tiempo que tardan en hacer el trabajo.

Dos cantidades son inversamente proporcionales si al aumentar una la otra disminuye, o bien si una disminuye la otra aumenta.

Otra manera de resolver este problema es: consideramos la siguiente tabla:

Número de albañiles	Tiempo en horas
2	18
1	?

como las cantidades son inversamente proporcionales, entonces consideramos

1	18
2	?

es decir, intercambiamos los renglones en alguna de las columnas.

Escribimos la proporción $\dfrac{1}{2} = \dfrac{18}{\square}$.

Ponemos n en el lugar que debe escribirse el número buscado

$$\frac{1}{2} = \frac{18}{n}$$

y resolvemos la proporción, es decir, $n = \dfrac{18 \times 2}{1}$,

de donde $n = 36$.

Un solo albañil tarda 36 horas en construir la barda.

La regla de tres inversa se utiliza cuando las cantidades involucradas son inversamente proporcionales.

Para determinar si el problema corresponde a regla de tres directa o inversa, consideramos:

Regla de tres directa:

❖ Cuando una cantidad aumenta la otra también.

❖ Cuando una cantidad disminuye la otra también.

Regla de tres inversa:

❖ Cuando una cantidad aumenta la otra disminuye.

❖ Cuando una cantidad disminuye la otra aumenta.

Ejemplos

1. Emilio tiene una granja porcina con 400 puercos, que se comen un tinaco de alimento en 15 días. Emilio compra 100 puercos más. ¿Para cuántos días le alcanzará ahora el tinaco de alimento?

Solución:

Lo primero que observamos es que si aumenta el número de puercos, el número de días que durará el alimento disminuye, entonces son cantidades inversamente proporcionales.

Como había 400 puercos y Emilio compró 100 más, entonces ahora tiene 500 puercos.

Hacemos la tabla:

Número de puercos	Tiempo en días
400	15
500	?

invertimos los renglones de la primera columna

500	15
400	?

y planteamos la proporción $\dfrac{500}{400} = \dfrac{15}{\Box}$.

Ponemos n en el lugar que debe escribirse el número buscado

$$\frac{500}{400} = \frac{15}{n}$$

y resolvemos la proporción, es decir, $n = \dfrac{400 \times 15}{500}$,

de donde $\quad n = 12.$

El tinaco de alimento alcanza para 12 días.

2. Una cisterna se llena en 12 horas si se abren 5 llaves que arrojan la misma cantidad de agua. ¿En cuánto tiempo se llenará la cisterna si se abren 2 llaves que arrojan la misma cantidad de agua?

Solución:

Lo primero que observamos es que si disminuye el número de llaves entonces aumenta el número de horas, es decir, son cantidades inversamente proporcionales.

Hacemos la tabla:

Número de llaves	Tiempo en horas
5	12
2	?

e invertimos los renglones de la primera columna

2	12
5	?

y planteamos la proporción $\frac{2}{5} = \frac{12}{\square}$.

Ponemos n en el lugar que debe escribirse el número buscado

$$\frac{2}{5} = \frac{12}{n}$$

y resolvemos la proporción,

es decir,

$$n = \frac{5 \times 12}{2},$$

de donde

$$n = 30.$$

La cisterna se llenará en 30 horas.

Ejercicios

1. Para transportar las varillas a una construcción, la fábrica cuenta con 5 camiones que deberán hacer 6 viajes. Pero el día de la entrega sólo llegaron 3 camiones a la fábrica. ¿Cuántos viajes deberán hacer?

2. Tres albañiles tardan 20 horas en construir una barda. ¿Cuánto tiempo tardarán 5 albañiles en construir la misma barda?

3. Lupita tiene una granja avícola con 150 gallinas que se comen un barril de grano en 12 días. Debido a la gripe aviar en la granja se murieron 50 gallinas. ¿Para cuántos días alcanzará ahora el barril de grano?

4. Una pileta se llena en 4 horas si se abren 3 llaves que arrojan la misma cantidad de agua. ¿En cuánto tiempo se llenará la pileta si se abre 1 llave que arroja la misma cantidad de agua?

5. Para ir a visitar a su mamá, Leticia tarda en llegar 3 horas, haciendo el recorrido a 100 kilómetros por hora. Si por una falla en su automóvil se ve obligada a hacer el recorrido a 75 kilómetros por hora, ¿cuánto tiempo empleará en el viaje?

6. Para terminar una obra, un constructor estima que necesita 20 días usando 18 hombres. Si requiere tener lista la obra en 6 días, ¿cuántos hombres debe contratar en total?

7. En un albergue canino hay 125 perros que consumen 14 costales de alimento en una semana. Si llegan 15 perros más, ¿para cuánto tiempo alcanzará el alimento?

8. Mirna quiere envasar, para regalar a sus amistades, la mermelada de chabacano que preparó. Si la envasa en frascos de 300 gramos, le alcanza para llenar 15 frascos. ¿Cuántos frascos de 250 gramos puede envasar?

9. Un grupo de 8 amigos quiere organizar una reunión compartiendo los gastos de manera equitativa. El cálculo es de 275 pesos cada uno, pero dos de ellos se ven imposibilitados para pagar. ¿Cuánto debe aportar cada uno de los amigos restantes?

10. Si cuatro costureras pueden armar 30 vestidos en tres días. ¿Cuántas costureras se necesitan para hacerlos en dos días?

 Actividades: Resuelve el problema y colorea

Fracciones divertidas, forma parte
de la colección Sello de Arena. Se terminó de imprimir
en la ciudad de México en junio de 2014,
en los talleres de Imprimex, Antiguo Camino a Culhuacán,
núm. 87, Col. Santa Isabel Industrial, México, D.F.
En su composición se utilizaron tipos
Bembo Regular y Bembo Italic.